Hoppla!

Du hältst ein Buch über den Umweltschutz in den Händen und kannst diesen Text nur lesen, weil du das Buch gerade aus einer Plastikfolie befreit hast? Und Recyclingpapier ist es auch nicht? Ich kann deine Verwunderung sehr gut verstehen! Ganz sicher habe ich mir mein Buch etwas anderes gewünscht. Leider ist es im Selfpublishing oft nicht möglich, darauf Einfluss zu nehmen. Nachdem klar war, dass keiner der Verlage mit dem Schwerpunkt Ökologie dieses Buch verlegen möchte und es daher konventionell gedruckt wird, eventuell nicht mal auf FSC-Papier, war ich selbst sehr geknickt und spielte sogar mit dem Gedanken, das Buch-Projekt zu beenden. Immerhin arbeitet mein Anbieter daran, dass man individuell pro Titel Einfluss nehmen kann. Es tut sich also was.
Dazu gibt es zwei Gründe, genau dieses Buch doch zu veröffentlichen:

1) Beim Selfpublishing nach dem „Book on Demand-Prinzip" wird nur so viel gedruckt, wie auch wirklich bestellt wird. Im herkömmlichen Druck wird durch die entsprechende Technik (Offsetdruck) beim Einstellen immer ein bestimmter Anteil als Fehldruck entstehen und im Altpapier landen.
2) Der wichtigere Grund braucht deine Hilfe: wenn das Buch dich in einigen Bereichen deines Alltags dazu inspirieren kann, dich umweltfreundlicher zu verhalten, ist die Bilanz des Buches trotz Papierart und Folie am Ende doch positiv.

Danke für dein Verständnis!

Martin Maurer

# Ja ich weiß, aber…

## Umweltschutz im Alltag, geht das?

1. Auflage (2018)

Autor: Martin Maurer
Illustrationen: Umschlag und Innenteil:
Regina von Castelberg, regina.castelberg@oakway.ch
Bild Orang-Utan: Martin Maurer
Bild Walhai: Andrea Marshall, Marine Megafauna Found.
Umschlaggestaltung: Karin Frauenfelder · www.grapx.ch
Lektorat, Korrektorat: Lena Maurer
Printed in Germany

Verlag: tao.de in Kamphausen Media GmbH, Bielefeld
www.tao.de, eMail: info@tao.de
Herstellung: tredition GmbH, Halenreie 40-44, 22359 Hamburg

Bibliografische Information der Deutschen Nationalbibliothek:
Die Deutsche Nationalbibliothek verzeichnet diese Publikation in der Deutschen Nationalbibliografie; detaillierte bibliografische Daten sind im Internet über http://dnb.d-nb.de abrufbar.

ISBN Paperback: 978-3-96240-295-2
ISBN e-Book: 978-3-96240-297-6

Für Mutter Erde und die wundervolle Natur, deren Teil wir Menschen sind.

Ein kleiner Teil!

## Inhalt

## Prolog

Mutter Erde, unsere Gastgeberin, leidet. Was richten wir denn an? Was tun wir bloß mit ihr?

Die Antwort auf die Frage im Untertitel dieses Buches ist für mich eindeutig: Ja, es geht! Es ist zwar ein weiter und auch schwieriger Weg, einen komplett nachhaltigen Alltag zu leben, doch jeder kleine Schritt bringt uns in die richtige Richtung. Das Schlimmste wäre, wenn wir einfach so weitermachten, wie bisher. Dann veränderte sich der Planet in einer Weise, die uns Menschen sicher nicht gefiel, spüren wir doch heute schon viel von den möglichen Veränderungen. Und das sind wohl erst die Anfänge.

Daher habe ich mich entschieden, mein Verhalten zu ändern und mein Denken, vor allem aber auch mein Handeln, umweltfreundlicher zu gestalten!

Die Natur war schon immer ein wichtiger Bestandteil meines Lebens. Ich wuchs auf in einem Dorf umgeben von viel Landschaft. Da war die Natur als großer Abenteuerspielplatz ein steter Begleiter. Die Verbundenheit ist mir immer geblieben, auch wenn sie sich oft im Unterbewusstsein versteckte. Doch in den letzten Jahren stieg ihre Bedeutung für mich noch mal deutlich. Ich nehme sie mit aufmerksameren Augen wahr und erfreue mich bewusster an Tieren und Pflanzen, die ich zu Gesicht bekomme. Oft stelle ich mich an einen für mich besonderen Baum, lehne mich an ihn, atme die klare Luft

des Waldes und meditiere. Dabei spüre ich, wie gut die Natur mir tut. Ich hole mir so, oder auch beim Wandern und Mountainbiken, wichtige Energie, die ich für den Alltag benötige.
So wuchs mein Bewusstsein für die Umwelt und der Wunsch, zu ihrer Erhaltung beizutragen. Viele Menschen genießen die Natur als Ort der Entspannung, in ihrer direkten Umgebung genauso wie auf Reisen in der Ferne. Ich ebenfalls, und so ist es für mich naheliegend, etwas für den Schutz und die Regenerierung der Natur zu tun, da ich sie doch weiterhin genießen will. Dennoch geht es weniger um das Offensichtliche, wie den wichtigen „Luxus" des Entspannens und der Erholung, als um Lebenswichtiges. Für den Menschen genauso wie den Rest der Tier- und Pflanzenwelt. Das Geschehen ist oft in weiter Ferne oder nicht unmittelbar ersichtlich. Daher ist es für mich umso wichtiger, diese Dinge „sichtbar" zu machen, so dass wir sie in unsere Überlegungen und besonders auch in unser Handeln einbeziehen.

Sitting Bull, Häuptling und Medizinmann der Sioux-Indianer, stellte schon vor langer Zeit treffend fest:

*„Wir haben die Erde nicht von unseren Vorfahren geerbt, wir haben sie von unseren Kindern geliehen!"*

*„Der Mensch hat das Netz des Lebens nicht gewebt, er ist nur ein Faden darin. Was immer er ihm antut, tut er sich selbst an."*

Warum gehen wir so schlecht mit der Leihgabe unserer Kinder um? Höchste Zeit, dafür zu sorgen, dass wir unseren Kindern und diese dann unseren Enkelkindern noch eine Welt übergeben können, wie wir sie selbst kennen und lieben.

Ja, ich weiß!
Wie ist es mit dir?
Vermutlich weißt du auch.

Aber irgendwie will es dir und mir und viel zu vielen anderen nicht so recht gelingen, unser Wissen wirklich konsequent anzuwenden, um etwas für unsere Umwelt und den Planeten zu tun – und damit für uns selbst, da wir schließlich Teil dessen sind. Ein kleiner Teil, sogar ein eigentlich unbedeutender. Die Erde kann sehr gut ohne uns Menschen auskommen. Wir allerdings nicht ohne sie.
Trotzdem nehmen wir uns das Recht heraus, Mutter Erde massiv zu gefährden. Dumm nur, dass wir dabei gnadenlos an dem Ast sägen, auf dem wir selbst sitzen!
Ist es uns wirklich egal? Oder warum ist das so?
Bei vielen Menschen gibt es eine große Kluft zwischen dem Bewusstsein für diese Themen und dem eigenen Handeln. Ich schließe mich da ein und vermutlich agiere ich längst nicht so umweltbewusst, wie ich es gerne würde oder mir manchmal vorgaukle. Das fühlt sich nicht besonders gut an und wird kognitive Dissonanz genannt. Bequemlichkeit, mangelnde Konsequenz, Verdrängen der Folgen – es gibt wohl einige Gründe dafür. Allerdings liegt es an mir, das zu ändern. Wichtig ist, dass wir an dieser Stelle ehrlich sind mit uns selbst und unserem Umfeld, damit sich das Stück für Stück ändern kann.

Unserem Planeten und seinen Lebewesen geht es nicht gut. Gar nicht gut. Viele Arten sind sogar schon komplett ausgestorben, weitere sind kurz davor.
Unser Bedarf nach Luxus und der ständigen Verfügbarkeit von allem, worauf wir gerade Lust haben, wann immer wir darauf Lust haben, zu möglichst geringen Preisen, ist für die Welt nicht mehr zu verkraften. Wir verbrauchen jedes Jahr 1,7-mal mehr, als die Erde liefern kann, ohne Schaden zu nehmen. Tendenz steigend. 2017 war der Welterschöpfungstag schon am 02. August, den Rest des Jahres wird „auf Pump“ gelebt. Und mit wir sind hier alle Menschen gemeint. In Deutschland ist die Bilanz noch deutlich schlechter, wir verbrauchen 3,1 Erden. So waren hierzulande die Ressourcen für das Jahr 2018 schon am 2. Mai aufgebraucht. Reichlich unpassend, wenn man nur einen Planeten und daher keinen Plan B hat.

Es ist höchste Zeit, etwas zu tun!
Dieses Buch soll nicht mit erhobenem Zeigefinger ermahnen und mehr Umweltbewusstsein und -schutz einfordern. Obwohl genau das nötig ist. Daher wird an der einen oder anderen Stelle wohl doch mal der Zeigefinger hochschnellen. Insgesamt möchte ich dich aber wachrütteln und auf ein notwendiges Umdenken aufmerksam machen. So kannst du deine eigenen Rückschlüsse ziehen und dir überlegen, welche Änderungen du zum Schutz unseres Planeten voranbringen möchtest. Das Buch soll für möglichst viele Bereiche des Lebens Anregungen und Tipps liefern! Es kann dabei aber nicht den Anspruch haben, alles abzudecken. Dafür ist unser

Leben zu vielseitig und die Fülle unserer Gewohnheiten zu gewaltig.
Die Bandbreite der Möglichkeiten, der Welt Gutes zu tun, ist sehr groß und betrifft fast alle Bereiche unseres täglichen Lebens.
Das macht es auf der einen Seite sehr einfach, da man schnell fündig wird.
Andererseits ist es aber auch schwer, da es um unsere Gewohnheiten geht, die vielleicht schwerer zu ändern sind, als wir im ersten Moment denken.
Aber es lohnt sich, denn es geht um etwas Großes und sehr Wichtiges.

Was ich bei meinen Recherchen für dieses Buch, aber auch für meinen wöchentlichen Blog, herausfinde und entdecke ist zum Glück nicht nur erschreckend.
Natürlich sind da viele Nachrichten über aussterbende Arten, von Menschenhand gemachte Katastrophen und Grausamkeiten. Für viele davon bist du sicher nicht verantwortlich. So nehme ich nicht an, dass du zerriebenes Horn eines Nashorns zu dir nimmst, damit es dir in irgendeiner Form bessergeht. Oder damit es im Bett besser klappt. Da ist Fingernägelkauen sinnvoller, denn der Grundstoff ist der gleiche wie beim Horn und es ist legal – und viel billiger. Klingt echt absurd. Und das ist es auch tatsächlich. Solche Beispiele gibt es leider zuhauf, auch wenn die aussterbenden Nashörner eins der bekanntesten abliefern.
Jetzt mag man denken, dass nur die Asiaten schuld sind, weil sie so einen Mist glauben und viel Geld für das Horn

zahlen. Die armen Afrikaner springen darauf an, um zum Beispiel ihre Familien zu ernähren.
Es sind aber nicht nur die Asiaten, denn wenn es den afrikanischen Ländern besserginge, würden sich sicher weniger Menschen finden, die diese Grausamkeiten begehen wollen.
Insofern ist das ausbeuterische Wirtschaftssystem unserer Welt mitverantwortlich dafür, dass solche Gräueltaten passieren.
Ja, leider muss man an dieser Stelle feststellen, dass du und ich und wohl die allermeisten Menschen als Konsumenten Teil dieses Wirtschaftssystems sind.
Das ist ein sehr komplexes Thema, viele Dinge sind auf schwer erkennbare Art miteinander verknüpft. Umso wichtiger ist es, dass wir alle unseren Beitrag leisten.

Wie schon erwähnt, es gibt nicht nur Erschreckendes, sondern auch sehr Ermutigendes. Viele Menschen engagieren sich, leben umweltbewusst und nachhaltig. Sie geben einander Tipps, was man Gutes tun kann. Vor allem fallen mir die vielen jungen Mitstreiter auf, die sich für die Zukunft des Planeten engagieren. Das macht mir besonders Mut und lässt mich mit Freude in die Zukunft schauen.
Generell ist einer der wichtigsten Grundsätze dabei, dass jeder von uns etwas bewirken kann. Unmittelbar und recht leicht bei den vielen kleinen Dingen. Und es zählt wirklich jeder noch so kleine Schritt. Aber unser Handeln kann auch viel Großes bewirken.
Und bei den Beispielen, die ich hier aufzeigen werde, liegt es oft in unserer Hand, der Hand der Verbraucher,

Änderungen bei den Herstellern und Händlern zu bewirken. Denn der Verbraucher hat die Macht. Wenn wir unseren Geldbeutel nur für nachhaltige und umweltschonende Produkte öffnen, können wir große Veränderungen erzielen. Die Produzenten und Erzeuger werden sich gemäß der veränderten Nachfrage anpassen, um weiterhin Profite zu machen. Kein edler Ansatz, aber so ist der Markt nun mal.
Wenn du wie ich zu denen gehörst, die einiges über den Zustand der Welt wissen, oder noch erfahren wollen, aber noch nicht so richtig auf den Zug aufgesprungen bist, dann lass dich von dem Buch inspirieren, diese Reise anzutreten. Es lohnt sich!

Ja ich weiß, aber…
Lass uns das ABER überwinden und unserem Planeten etwas Gutes tun. Nicht alles auf einmal in Angriff nehmen, sondern Stück für Stück, immer weiter. Dann macht es sogar Spaß und wir belohnen uns damit selbst!

Also, lass uns anfangen!

## Was können wir tun?

Spaß haben!
Richtig gelesen, Spaß haben! Umweltschutz macht Spaß. Vergleiche es mit dem Schenken, also wenn du jemandem etwas schenkst. Ist es nicht herrlich, die Freude des anderen zu sehen? Das Strahlen in den Augen? Der Einsatz für die Natur und die Erhaltung des Planeten ist auch eine Form von Schenken. Jede Aktion trägt zur Gesundung des Lebensraums von uns und der gesamten Flora und Fauna bei. Kann man umfassender und unbegrenzter Freude schenken?
Also lass uns Spaß haben!

In diesem Buch werde ich dir viele Beispiele aus dem täglichen Leben aufzeigen, in denen das Verhalten des Menschen massiv die Umwelt schädigt. Das soll zum einen darstellen, wo und wie wir problematisch mit der Umwelt umgehen, zum anderen aber auch Alternativen bieten.
Manchmal wird es relativ leicht sein, etwas Positives zu bewirken, manchmal wird es vielleicht schwieriger, sich von liebgewonnen Dingen und Bequemlichkeiten unseres Alltags zu trennen. Insgesamt sind es aber wohl doch recht kleine Schritte für jeden einzelnen, die dann für den Planeten inklusive der Menschheit etwas Großes bewirken werden.

Worum geht es in diesem Buch nicht?
Es geht nicht um aktives Engagement in Umwelt- und Naturschutzgruppen. Wenn ich dein Interesse an der

Umwelt hier wecken kann und du in entsprechenden Gruppen aktiv werden möchtest, umso besser.
Aber in erster Linie geht es hier um unsere Gewohnheiten und unser Verhalten beim Essen, beim Einkaufen, der Freizeitgestaltung und der damit verbundenen Sicht auf die Welt.
Und natürlich geht es um das „Ja ich weiß, ABER…“. Es geht darum, dass wir mehr und mehr dieses „aber“ überwinden.
Es gibt noch einen weiteren Weg, auf dem man zusätzlich etwas erreichen kann und damit dann durchaus die Umwelt- und Naturschutzgruppen unterstützen kann: Petitionen! Speziell Online-Petitionen.
Vermutlich kennst du diese schon oder beteiligst dich sogar. Sie sind ein hervorragendes Mittel, um die Arbeit der Organisationen zu unterstützen, nicht nur im Umweltbereich, sondern auch bei politischen Themen. Natürlich vermischen sich diese Zwei auch sehr oft.
Die Wirksamkeit von Petitionen wird von Kritikern zwar bezweifelt, aber es ist aus meiner Sicht doch ein weiterer und guter Weg, den Regierungen und Politikern, aber auch den Unternehmen und Verbänden zu zeigen, was man zu einem Thema denkt. Und wenn viele Stimmen zusammenkommen, wird diese Meinung sicher auch zur Kenntnis genommen.
In Anhang 3 findest du eine Liste, die einige Anbieter von Online-Petitionen enthält. Sicher keine komplette Liste, aber es sind die, die ich kenne und bei denen ich mich regelmäßig beteilige.
Weitere Möglichkeiten, etwas zu bewirken, sind:

- Clean-Up Days: eine gute Möglichkeit, in seiner unmittelbaren Umwelt etwas Gutes zu tun, ist, sich an einem Müll-Sammeltag zu beteiligen. Oder selbst einen zu machen. So gehe ich bei meinen Hunderunden immer wieder mal mit einem Beutel bewaffnet los und sammle Müll ein. Viele Taucher tun das bei ihren Tauchgängen. Und am Strand kann ich mittlerweile gar nicht mehr anders, als mal eben meine Umgebung etwas zu bereinigen. Der Aufwand ist gering, der Effekt dafür aber groß!
- Im Gespräch mit anderen auf Umweltprobleme hinweisen, auch wenn es diese Personen, zum Beispiel Freunde, direkt betrifft und es um ein Fehlverhalten ihrerseits geht.
- Beschwerden bei Behörden oder Geschäften. Nein, es geht nicht darum, dass wir alle Wutbürger werden. Aber manchmal braucht es einfach Hinweise, damit sich etwas ändert. Im Zeitalter elektronischer Medien ist das per E-Mail leicht gemacht.

Zu guter Letzt, auch auf die Gefahr hin, dass ich mich wiederhole, möchte ich noch mal erwähnen, dass wir mit unserem Kaufverhalten und unserem Geldbeutel ebenfalls ein sehr wirksames Mittel besitzen. Und sorry, aber Wiederholungen prägen sich ein!

## Die Natur erleben – der Umwelt geben

Dieses Kapitel könnte das Wichtigste des ganzen Buches sein.

Bevor ich den Titel des Kapitels erkläre, möchte ich kurz auf die Begriffe Natur und Umwelt eingehen.
Mit der Natur meine ich alles auf der Erde, was nicht von Menschenhand geschaffen wurde. Der Mensch ist Teil der Natur.
Die Umwelt ist das, was uns umgibt, und schließt die Natur mit ein, aber auch alles, was wir Menschen erschaffen haben. Der Begriff wird aber auch als Synonym für die Natur benutzt, was streng genommen nicht richtig ist, aber sehr gängig. Die Übergänge sind aus meiner Sicht fließend und so werden die Begriffe im Folgenden nicht getrennt betrachtet.

Nun zum Titel. Was meine ich damit? „Natur erleben" ist selbsterklärend. Mit „der Umwelt geben" meine ich eine Beteiligung an umweltschützenden Maßnahmen und die Bereitschaft, sein Leben umweltfreundlich zu gestalten.
Vor ein paar Monaten habe ich an einer Studie für eine Bachelorarbeit teilgenommen, in der es um den Einfluss der Naturverbundenheit und der Selbstkontrolle auf das umweltschützende Verhalten geht. Passt ja bestens zu dem Buch, an dem ich gerade arbeite, dachte ich mir damals.
Freundlicherweise stellt Sofia Eckart mir später ihre Bachelorarbeit „Umweltliebe umsetzen", eingereicht im

Fachbereich Psychologie der Ernst Moritz Arndt Universität Greifswald, zur Verfügung.

Eins der Ergebnisse der Arbeit ist, dass das ABER nicht leicht zu überwinden ist. Selbst für Personen mit hoher Selbstkontrolle ist es schwierig, ein Verhalten, das die Umwelt schützt, zu etablieren. Das liegt unter anderem daran, dass bei vielen von uns die Auswirkungen des Klimawandels oder des Plastikmülls nicht direkt und alltäglich ersichtlich sind. Denn dann würde unser Gehirn hier deutlich wacher funktionieren. So überlässt es, salopp gesagt, das Feld den Gewohnheiten, und die sind leider schwer zu beherrschen, wie ich ja schon im Vorwort festgehalten habe.

Das zweite Ergebnis ist, dass Menschen, die sich der Natur nahe oder gar mit ihr verbunden fühlen, eine deutlich höhere Bereitschaft zeigen, etwas für den Umweltschutz zu tun. Wer also die Schönheit der Natur zu schätzen weiß und emotional erlebt, sie zur Erholung und Entspannung nutzt, zum Beispiel auf Spaziergängen durch den Wald, der setzt sich auch für sie ein. Das ist sehr einleuchtend.

Was bedeuten diese Ergebnisse für dich?
Die Erkenntnis der schwer zu überwindenden Gewohnheiten bleibt. Das emotionale Erleben der Natur ist also der Schlüssel für die erfolgreiche Veränderung. Wir sollten uns diese Erlebnisse so oft wie möglich selbst

gönnen und andere dazu einladen. So können wir vielleicht am effektivsten die Anzahl der Umweltschützer vergrößern.
Ein wichtiger Baustein dafür wird sicher schon in der Kindheit gelegt. Je mehr Natur Kinder erleben, desto eher liegt sie ihnen dann auch am Herzen. Ein Thema, dass sich die Bildungs- und Umweltpolitiker vielleicht mal gemeinsam vornehmen sollten.

Was bleibt, ist die Frage, ob das emotionale Erleben der negativen Folgen unseres Handelns ebenfalls helfen kann. Für mich ist die Antwort ein klares Ja! Leider ist es nicht so leicht, das zu bewerkstelligen. Man kann ja niemanden zwingen, sich Filme wie „Cowspiracy“ oder eine Dokumentation über die Zustände in der Massentierhaltung anzuschauen. Vermutlich würde vielen dann doch unwohl, wenn sie ihr Billig-Schnitzel auf dem Teller haben.
Aber dazu müsste man die Menschen davon überzeugen, sich diese schmerzvollen Wahrheiten auch mal anzuschauen, anstatt auf Facebook das 5000. Katzenbild zu liken. Die harte Realität kommt nicht so süß daher wie ein Katzenbaby. Dafür ist sie ungleich wichtiger.

Noch einmal zurück zu Filmen und Dokumentationen. Es müssen nicht unbedingt nur die sein, die das negative zeigen, um einen der Natur näher zu bringen. Es gibt jede Menge tolle Filme, sei es im TV, zum Streamen oder sogar im Kino, wo man oft auf eindrucksvolle Weise die

Natur erleben kann und vor allem Tiere oder auch Landschaften sieht, die man selbst so nie sehen könnte. Eine wunderbare Möglichkeit, wie ich finde.

Eine Weitere sind Reisedokumentationen, denn nicht jede Reise kann oder muss man selbst antreten. Es gibt viele Reiseblogger und -journalisten, die entweder in Magazinen oder auf ihren Internetseiten ihre Erlebnisse schildern. Oft so lebendig, als wäre man selbst dabei.

Wenn du nun voller Enthusiasmus an die Veränderung deines Einflusses auf die Umwelt gehen möchtest, dann ist es sicher eine gute Idee, wenn du dir für deine alltäglichen Handlungen die Folgen für die Umwelt überlegst und bildlich vorstellst. Vielleicht sogar mit Vorher-Nachher-Effekt?
Das, und die Verdeutlichung der Schönheit und des Wertes der Natur wird dir helfen, einen emotionalen Bezug herzustellen und fordert deinen Geist hoffentlich auf, Herr über deine Gewohnheiten zu werden.

Viel Erfolg dabei!

## Die Kinder des Planeten

Erzählen wir unseren Kindern genug über das Leben auf diesem Planeten und welchen Einflüssen es unterliegt?

Sorgen wir dafür, dass sie von klein auf verstehen, wie wichtig die Umwelt für den Menschen ist? Aber auch, wie wichtig das Verhalten des Menschen für die Umwelt ist?
Geben wir ihnen die Chance, eine natürliche und intuitive Beziehung mit Mutter Erde aufzubauen und ihre Nähe und Gaben zu schätzen?

Alles in diesem Buch ist dazu geeignet, von Kindern verstanden zu werden, wenn auch nicht jeder Teil und alle Zusammenhänge in jedem Alter. Manches durch Erklärung, anderes indem die Erwachsenen es vorleben. Dazu muss man den Kindern auch nicht alles in seiner vollen Grausamkeit darlegen oder gar zeigen. Sie werden es auch so verstehen.
Ich denke, dass es enorm wichtig ist, die Kinder von Anfang an auf die Mission „Rettung des Planeten" mitzunehmen. Sie sind die zukünftigen Entscheidungsträger, Politiker und Firmenlenker, aber vor allem die zukünftigen Verbraucher.
Die Hauptverantwortung sehe ich da bei den Eltern und dem direkten Umfeld. Hier ist der größte Einfluss vorhanden. Das, was Eltern vorleben, nehmen die Kinder nur allzu leicht auf. Spontan fällt mir da das Rauchen ein. Also nicht, dass man in Gegenwart von Kindern rauchen

sollte. Aber wenn man es nun mal tut, dann aber unterwegs einen mobilen Aschenbecher dabeihat, anstatt die Kippe in der Umwelt zu entsorgen, werden die Kids den großen Unterschied zu vielen anderen Rauchern sehen. Dazu erklärt man dann, warum der Stummel nicht in den Straßengraben oder in den Gully darf und das Kind hat etwas Wichtiges gelernt.
Natürlich haben auch Kindergärten und Schulen einen großen Anteil und ich fürchte, dass dieses Thema in den Lehrplänen zu kurz kommt. Denn was nützt es, wenn man alles über die Bienen weiß, es sie aber nicht mehr gibt?

Das Kapitel ist bewusst kurz, da das Buch eine Menge Beispiele beinhaltet, von denen die Kleinen und auch die Teenies viel lernen können. Über Kinder und das Erleben der Natur und die enorme Wichtigkeit dessen kann man ein ganzes Buch schreiben, dafür bin ich aber sicher nicht der Richtige, zumal es hier ja um die Entwicklung der Natur, nicht die der Kinder, geht. Umso schöner ist, dass beides Hand in Hand geht und so sollte bei Eltern, Großeltern, Onkeln und Tanten ein besonderes Augenmerk sein.

## Werte und Umwelt

*„Denn überhaupt um fremden Wert willig und frei anzuerkennen und gelten zu lassen, muss man eigenen haben.“*
Arthur Schopenhauer (1788 - 1860), deutscher Philosoph

Mit dem Thema Werte lassen sich ganze Bücher füllen. Ich möchte das Thema hier nur kurz anschneiden, um dir ein paar Gedanken zu nennen und dich anzuregen, selbst über deine Werte nachzudenken.
Für mich persönlich sind Werte sehr wichtig und aus meiner Sicht ist es wünschenswert, dass manche davon wieder mehr ins gesellschaftliche Miteinander rücken.

Was hat aber Schopenhauers Zitat mit der Umwelt zu tun? Ich kann nur annehmen, dass es ihm mehr um das menschliche Miteinander ging. Gut, die Menschen unserer Umgebung sind Teil unserer Umwelt. Und wenn wir uns ein wenig von dem üblichen Verständnis der Zeit lösen, dann sind auch unsere Nachfahren Teil unserer Umwelt. Ganz besonders werden sie teilhaben daran, wie wir heute mit ihr umgehen. Zerstören wir sie weiter, so werden die nachfolgenden Generationen darunter leiden. Schützen wir sie, werden unsere Enkel sie ebenfalls noch genießen dürfen.
Aber mit dem fremden Wert kann auch sehr direkt der Wert der Natur für uns gesehen werden. Dieser ist immaterieller, aber auch materieller Art.
Selbstlos gibt sie allen, die auf dem Planeten leben. Nur ein Geschöpf, der Mensch, beutet alle anderen Mitglieder

der Natur aus, wenn er selbst einen Vorteil daraus ziehen kann.
Ich habe im Folgenden ein paar Werte aufgelistet, die für mich eine Bedeutung im Zusammenhang mit der Umwelt haben.

Achtsamkeit
Achtsamkeit hat für mich ganz viel mit der Natur zu tun. Nirgendwo kann ich so achtsam sein, wie im Wald oder auch an einem Gewässer. Den Geräuschen lauschen, dabei doch ganz bei mir selbst sein. Das ist ein unschätzbarer Wert, für den ich meiner Umwelt in diesen Momenten sehr dankbar bin.

Bescheidenheit
Die „Krone der Schöpfung", mittlerweile meistens zu Recht nur noch zynisch verwendet. Mit einer gesunden Bescheidenheit würden wir unseren Platz in der Natur achten und mit weitaus weniger zerstörerischem Verhaltensmuster einnehmen. Flora und Fauna, mit der wir uns den Planeten teilen, schätzten wir ganz anders.

Dankbarkeit
In den letzten Jahren wurde mir immer bewusster, was die Natur für uns tut und was wir wohl ohne sie wären. Man kann dankbar dafür sein, dass uns der Wald die Luft reinigt, im Sommer einen kühlen Platz oder auch einen mystischen Ort zum Entspannen oder Meditieren bietet. Wer es lieber weniger spirituell mag, kann auch einen pragmatischeren und greifbareren Ansatz wählen. Der größte Teil unseres Essens kommt aus der Natur. Dabei

gibt es oft kleine Helfer, die dafür sorgen, dass wir etwas ernten können. Da sind die fleißigen Bienen ein gutes Beispiel.
Es gibt unendlich viele Gründe für Dankbarkeit gegenüber der Natur.

Demut

*"Demut ist eigentlich nichts anderes als eine Vergleichung seines Wertes mit der moralischen Vollkommenheit."*
Immanuel Kant (22.04.1724 - 12.01.1804), Deutscher Philosoph
Ähnlich wie bei der Dankbarkeit denke ich, dass es für das Empfinden von Demut gegenüber der Natur viele Ansätze gibt.
Die Aussage von Kant kann man dafür genau so übernehmen. Im Vergleich zur Natur ist die Vollkommenheit des Menschen, egal ob aus moralischer oder auch jeder anderen Sicht, verschwindend gering. Ob man gläubig ist und die Schöpfung betrachtet, oder aus atheistischer Sicht auf die Natur blickt, der Mensch ist in seinem Verhalten, und trotz all seiner Fähigkeiten, ein eher unvollkommener Teil des Ganzen.

Empathie

Wie steht es um unser Mitgefühl in Bezug auf die Tiere? Oder auch Pflanzen? Bäume in den für uns so wichtigen Wäldern. Bleiben wir aber bei Tieren. Wir wissen, dass allein für unseren Luxus, wie zum Beispiel Schokolade, viele Tiere getötet werden und viele Arten in ihrem Bestand bedroht sind. Auch Menschen leiden, da in der

Kakaoernte Kinderarbeit ein Thema ist. Sind wir so abgestumpft? Oder warum kaufen wir solche Produkte trotzdem tonnenweise?

Frieden

Die Natur ist ein Ort voller Frieden, überall um uns herum. Nirgendwo sonst ist es so leicht für uns Menschen, einfach mal wir selbst zu sein und in Frieden mit uns selbst zu kommen. Hinter keinem Baum lauern belastende Anreize oder sonstige Stressauslöser. Es ist vielmehr ein Meer an Liebreiz, das uns nur allzu leicht von unseren Sorgen befreit. Wer sich darauf einlässt, wird spüren, wie wohltuend es ist, sich als Teil des Ganzen zu fühlen. Die Natur lässt uns sein, wie wir sind, bietet Zuflucht und Orte der Stille. Für jedes Wesen dieser Erde – es sei denn, wir Menschen stören diesen Frieden.

Genügsamkeit

Mein erster Gedanke dabei ist, dass sie das Gegenteil des Überflusses ist. Und der richtet auf unserem Planeten großen Schaden an. Aber eines haben wir nicht im Überfluss: Ausweichmöglichkeiten. Wir haben nur diese eine Erde und wir brauchen sie dringend für unser Leben und Überleben. Genügsam zu sein hilft uns auch, zu uns selbst zu finden, uns nicht von all unseren Besitztümern davon ablenken zu lassen, wer wir wirklich sind.

Menschlichkeit

Menschlichkeit ist das, was den Menschen ausmacht. Oder auch das, was ihn von der Tierwelt unterscheidet.

Viele Menschen haben das Gespür zur Natürlichkeit verloren. Das ist nicht nur im sozialen Miteinander (oder müsste es an der Stelle besser „asozialen Miteinander“ heißen?) festzustellen, sondern auch im Umgang mit der Natur. Wenn man den Blickwinkel ändert und aus Sicht von Flora und Fauna auf die Menschen schaut, dann wird Menschlichkeit wohl eins der übelsten Schimpfwörter auf unserem Planeten sein. Sehr schade!

Nachhaltigkeit
In der Entwicklung zur heutigen Gesellschaft hat der Homo Sapiens viel zu ausgiebig das Motto „Nach mir die Sintflut“ angewendet und tut das leider heute noch. Seit der Industrialisierung ist das für unsere Umwelt zu einem immer stärkeren Problem geworden. Dringend notwendig ist es, in unserem Handeln die Grundsätze der Nachhaltigkeit zu verankern. Was das konkret bedeutet, erläutere ich im nächsten Kapitel.

Respekt
Wo ist unser Respekt vor der Natur? Natürlich gibt es zwischen uns Menschen große Unterschiede mit einer Bandbreite von allergrößtem bis hin zu garkeinem Respekt vor der Natur.
Wer würde, wenn er bei Freunden eingeladen ist, seinen Müll auf den Boden schmeißen und die Einrichtung zerstören? Das macht keiner, es wäre respektlos und eine Verletzung der Gastfreundschaft.
Warum behandeln wir unseren Planeten, unsere Heimat, nicht wie einen Freund?

Sind wir nicht auch unseren Eltern gegenüber mit großem Respekt dankbar für das, was sie im Laufe des Heranwachsens für uns tun? Der größte Teil von uns Menschen schon! Was ist aber mit Mutter Erde? Sie leistet ebenfalls Großartiges, damit wir leben können!

Wenn ich von jemandem so abhängig bin, wie die Menschen von der einzigartigen und einzigen Erde, und von mir für diese Abhängigkeit keinerlei Gegenleistung erwartet wird, dann ist das aus meiner Sicht sehr viel Respekt wert!

Verantwortung

Sie fehlt uns. Wir wissen mehr oder weniger, was wir falsch machen. Du weißt es spätestens nach dem Lesen dieses Buches, zumindest für viele Bereiche deines täglichen Lebens. Aber übernehmen wir auch die Verantwortung für unser Handeln? Für die Folgen? Für den Raubbau an der Natur, der hinter fast jedem Stück Schokolade oder jeder Avocado steckt?

Nein, das tun wir leider nicht. Wir als Menschheit tun das nicht. Aber viele haben sich auf einen guten Weg gemacht, übernehmen diese Verantwortung und tun etwas für den Erhalt des Planeten. Lass uns doch einfach dazugehören!

Für mich gehen diese Werte Hand in Hand mit meinem Bestreben, der Bedeutung der Natur für mein Leben die angemessene Aufmerksamkeit zukommen zu lassen.

Ich habe das große Glück, mich der Natur sehr verbunden zu fühlen. Diese Werte geben meiner Moralvorstellung für den Umgang mit dem Planeten einen Rahmen und je stärker ich mich mit ihnen auseinandersetze, desto mehr

möchte ich ein wichtiger Baustein zum Schutz der Umwelt sein.
Das bedeutet allerdings auch, dass das Leid, das wir Menschen der Umwelt zufügen, mich direkt sehr stark berührt.
Das wiederum bestärkt mein Bestreben, aktiv sein zu wollen für unsere Erde.

Wie stehst du zu deinen Werten? Allgemein, aber auch in Bezug auf die Umwelt? Hast du schon entdeckt, wie bedeutsam sie sind?

## Nachhaltigkeit – was ist das?

Unter Nachhaltigkeit als Begriff versteht man zunächst mal, dass nicht mehr verbraucht wird, als an Ressourcen durch Nachwachsen oder Regenerieren zur Verfügung steht. (Wikipedia, moderne und umfassende Bedeutung (Anmerkungen und Quellen, 1. und 2.)).

Bei Wikipedia wird aber auch auf das Drei-Säulen-Modell der Nachhaltigkeit hingewiesen, wonach jeweils die soziale, die ökonomische und die ökologische Nachhaltigkeit zu betrachten sind.

Beim Recherchieren zur Nachhaltigkeit bin ich auf den Begriff Kreislaufwirtschaft und die dazugehörigen Ansätze wie Ökoeffektivität und „Cradle-to-Cradle“ gestoßen und habe überlegt, mich diesen hier im Buch ausführlicher zu widmen. Es gibt zu dem Thema aber sehr unterschiedliche wissenschaftliche Ansichten, sodass es mir schwergefallen wäre, daraus eine Empfehlung abzuleiten. Die hätte ich ja auch erstmal selbst verstehen und erarbeiten müssen. Das Buch wäre somit wohl erst einige Monate später erschienen.
Aber ein Versuch in Kürze: Die Kreislaufwirtschaft setzt im Gegensatz zur Linear- oder auch Wegwerfwirtschaft darauf, dass alle verwendeten Rohstoffe über ein Recycling im Kreislauf verbleiben. Das ist natürlich als Grundgedanke sehr sinnvoll. Allerdings längst nicht in allen Bereichen, denn oft ist das Recycling zur Erzeugung sogenannter Sekundärrohstoffe nicht ressourcenschonender als die Verwendung von Primärrohstoffen.

Es ist also nicht per se zu sagen, was dann nachhaltiger ist. Dagegen ist das Upcycling, also die Weiterverwendung mit einer anderen, eventuell höherwertigen, Bestimmung, sehr sinnvoll.
Grundsätzlich am nachhaltigsten ist es, in allen Bereichen so wenig Abfall wie möglich zu produzieren. Dazu mehr im Kapitel „Unser Müll".

Zurück zum Praktischen. Auch wenn es in diesem Buch hauptsächlich um die ökologische Nachhaltigkeit geht, so ist diese zum Teil doch recht eng mit der sozialen und ökonomischen Nachhaltigkeit verknüpft.

Nehmen wir Palmöl als Beispiel. Man kann daraus Biokraftstoff herstellen und hat auf diese Weise einen nachwachsenden Rohstoff im Tank seines Autos. Das klingt zunächst sehr positiv. Leider musste für den Anbau der Ölpalmen viel Regenwald weichen, der für die Nachhaltigkeit auf unserem Planeten noch weitaus wichtiger ist. Doch dazu mehr in einem späteren Kapitel.
Überhaupt ist alles, was dort wächst, wo einst Regenwald mit seiner unglaublichen Artenvielfalt die Erde bereicherte, sehr problematisch.
In den meisten Fällen hat es nicht nur Einfluss auf Flora und Fauna, das Klima (lokal und global), sondern fast immer auch negative Folgen für die Menschen, die dort leben oder gelebt haben. Die Ausbeutung der natürlichen Ressourcen trifft damit die armen Bevölkerungsteile, sodass auch die soziale Nachhaltigkeit nicht gegeben ist.
In diesem Zusammenhang möchte ich auf die Agenda 2030 der Vereinten Nationen hinweisen. Auch wenn es

nicht nur um die Umwelt geht, so ist sie doch auch diesbezüglich sehr wichtig. In ihr werden 5 Kernbotschaften und 17 Nachhaltigkeitsziele festgehalten.

Die Kernbotschaften sind die 5 **P**:

1. Die Würde des Menschen im Mittelpunkt (**P**eople): Eine Welt ohne Armut und Hunger ist möglich
2. Den Planeten schützen (**P**lanet): Klimawandel begrenzen, natürliche Lebensgrundlagen bewahren
3. Wohlstand für alle fördern (**P**rosperity): Globalisierung gerecht gestalten
4. Frieden fördern (**P**eace): Menschenrechte und gute Regierungsführung
5. Globale Partnerschaften aufbauen (**P**artnership): Global gemeinsam voranschreiten

Die 17 Ziele gehen dann mehr ins Detail, wie die 5 Kernbotschaften umzusetzen sind. Für genauere Informationen findest du den Link in den Anmerkungen und Quellen, 3.
Einen nachhaltigen Ansatz zu wählen, oder besser gesagt, den richtigen nachhaltigen Ansatz zu wählen, ist, wie die Beispiele zeigen, nicht ganz so einfach, wie man zunächst denkt.

Ein weiteres Beispiel, dieses Mal aus unserem direkten täglichen Leben, ist die Plastiktüte beim Einkaufen. Sie hat einen sehr schlechten Ruf und wird daher mehr und mehr verschwinden.
Wer aber stattdessen zur Papiertüte greift, tut der Umwelt

nicht wirklich einen guten Dienst. Denn auch für deren Herstellung müssen Ressourcen verwendet und Chemikalien eingesetzt werden.
Eine gute Alternative sind Taschen aus Polyester, sehr haltbar und vielfach wiederverwendbar. Aber eben auch aus Kunststoff.
Wer darauf komplett verzichten möchte, nimmt einen Stoffbeutel. Dessen Umweltbilanz wird aber erst positiv gegenüber einer Plastiktüte, wenn er mindestens 25-mal verwendet wird. Das allerdings schaffen meine Stoffbeutel locker!

Auch beim Einkauf im Bio-Supermarkt ist man nicht gefeit vor groben Schnitzern. Bio klingt zunächst mal super und nachhaltiger als Produkte, die unter Einsatz von Chemie gedeihen. Aber wenn ich dann Äpfel aus Chile oder Argentinien kaufe, ist die Ökobilanz in meinem Stoffbeutel ziemlich schlecht, wenn man den Transport um die halbe Welt bedenkt.

Wie man sieht, ist es mit der Nachhaltigkeit gar nicht so leicht. Das Gute ist: selbst, wenn man nicht die optimalste Lösung wählt, kann man trotzdem schon viel Gutes tun, indem man sich nachhaltiger verhält als zuvor!

Und ja, wir müssen schon ein wenig aus unserer Bequemlichkeit und Komfortzone herauskommen und die Verantwortung für unser Handeln übernehmen. Das bedeutet unter anderem, dass wir dem Thema Aufmerksamkeit und damit auch Zeit widmen.
Aber es wird sich lohnen!

## Palmöl und der Wald

Der Wald besteht aus Bäumen, in Deutschland sind es hauptsächlich Fichten, Kiefern, Buchen und Eichen. Sie stehen allerdings nicht einfach so rum, sondern sind sehr fleißig. Kontinuierlich wird klimaschädliches CO2 aus der Luft in Kohlenstoff und Sauerstoff umgewandelt (bei den Laubbäumen natürlich nur, solange sie Blätter tragen). Der Kohlenstoff verbleibt in der Masse des Baumes, der Sauerstoff wird an die Luft abgegeben. Bis zu 10.000 Liter dieses für uns so lebenswichtigen Gases erzeugt eine 100-jährige Eiche am Tag. So viel, dass es für 5-10 Menschen zum Atmen reicht. Dabei entnimmt sie der Luft im gleichen Zeitraum rund 14 Kilogramm Kohlendioxid, im Jahr immerhin 5 Tonnen. Außerdem werden täglich bis zu 200 Liter Wasser über die Verdunstung an die Luft abgegeben, was den Wald zu einer perfekten Klimaanlage macht und die Temperatur im Sommer, zusätzlich zum Effekt des Schattens, um einige Grad senkt. Zu guter Letzt filtert der gleiche Baum noch 1 Tonne Staub pro Jahr aus der Luft.
Das sind viele gute Gründe, die Wälder weltweit zu schützen!

Bevor man mit erhobenem Zeigefinger auf den Umgang mit den Wäldern in anderen Ländern schaut, ist es angebracht, einen Blick auf den heimischen Wald zu werfen.

Wie steht es um den Wald in Deutschland und Europa?
In Deutschland haben wir, Stand 2010, eine bewaldete Fläche von rund 31%. Immerhin ein Zuwachs von 6% gegenüber 1900 (Anmerkungen und Quellen, 4.).
Aber was war davor? Deutschland war zu weiten Teilen bewaldet, erste größere Rodungen fanden ab circa 500 n.Chr. statt.
Von den 31% wird allerdings der größte Anteil forstwirtschaftlich genutzt und nur ein sehr geringer Anteil kann als Urwald bezeichnet werden.
Nun, ein Drittel ist übriggeblieben von dem Wald, der das Land einst fast vollständig bedeckte. Das muss aber nicht so bleiben, schließlich war das Land auch nach der letzten Eiszeit kahl, da diese den gesamten Waldbestand vernichtete. Wir sollten anstreben, die bewaldeten Flächen zu erweitern!

Wie sieht es in Ländern aus, die den für das Klima so wichtigen Regenwald beherbergen?
Brasilien hatte 2013 rund 59% bewaldete Fläche. Das klingt zwar zunächst gut, aber es waren 1990 noch 65%. Nach vielen Jahren, in denen die Entwaldung verlangsamt wurde, nimmt sie jetzt leider wieder zu. 2016 wurden 8000 $km^2$ abgeholzt. Das waren in dem Jahr 1,5 Fußballfelder pro Minute!
In Indonesien waren 2013 noch rund 51% bewaldet, das ist sogar ein Verlust von 14% gegenüber 1990. (Weitere Information dazu in den Weblinks unter Anmerkungen und Quellen, 5.).

Jetzt können wir natürlich mit vorwurfsvollem Blick auf diese Länder schauen. Aber wenn man es sich genau überlegt, sollten wir besser in den Spiegel schauen.
Warum?
Ganz einfach. Unser wachsender Appetit sorgt dafür, dass in diesen Ländern die Regenwälder weichen müssen, um Platz zu schaffen für Plantagen, auf denen zum Beispiel Palmöl, Soja oder Avocados angebaut werden. Weideflächen, Holzwirtschaft und Bergbau spielen ebenfalls eine Rolle.
Selbst wenn die Abholzung offiziell verboten ist, so wird dieses lukrative Geschäft oft geduldet, nicht selten unter Einsatz von Schmiergeldern.

Auf den Einfluss und die Hintergründe von Soja und populären Superfoods wie Avocado werde ich in späteren Kapiteln eingehen.

Warum ist der Regenwald überhaupt so wichtig? Interessante Informationen dazu findet man im Internet reichlich. Ich fand dazu eine Kinderseite des WDR sowie die Seite von „Rettet den Regenwald e.V." besonders informativ gestaltet (siehe Anmerkungen und Quellen, 6.).
Die grüne Lunge der Erde, so wird der Regenwald auch genannt, heißt nicht umsonst so. Kein anderer Lebensraum an Land ist so wichtig für die Qualität der Luft und für den Klimaschutz, nirgends wird so viel Kohlendioxid in Sauerstoff umgewandelt. Somit bleibt mehr von dem klimaschädlichen Gas in der Atmosphäre, wenn der Regenwald schrumpft, und das hat einen direkten negativen Einfluss auf den Klimawandel.

Verstärkt wird das Problem zusätzlich, da der Wald sehr oft durch Brandrodung vernichtet wird, wodurch zusätzliches $CO_2$ in großen Mengen freigesetzt wird.
Wer den tropischen Regenwald schon einmal live erlebt hat, der weiß aus nächster Nähe, wie umwerfend dieser Lebensraum mit der größten Artenvielfalt an Flora und Fauna ist.
Es geht also nicht nur um das Fällen von Bäumen, sondern auch um das Ausrotten unzähliger Tierarten.
Eine davon ist der Orang-Utan.
Diese auch Waldmenschen genannten Menschenaffen teilen 96,5% ihrer DNA mit dem Menschen. Das hält uns aber nicht davon ab, ihnen ihre Lebensräume auf den Inseln Borneo und Sumatra zu nehmen. Allein dort sind sie beheimatet. Und ihr Lebensraum, dieser wundervolle tropische Regenwald, muss weichen, nur damit der Mensch Palmölplantagen errichten kann.

Palmöl? Ist dir schon einmal aufgefallen, in welchen Produkten es verwendet wird?
Nachdem ich anfing, mich damit zu beschäftigen, war ich zutiefst erschrocken und geschockt, wo es überall Verwendung findet. Laut Greenpeace und WWF ist Palmöl, Palmfett und Palmkernöl (im nachfolgenden der Einfachheit halber nur als Palmöl bezeichnet) in jedem zweiten Produkt im Supermarkt enthalten.

Da es billig ist, ähnlich schmeckt wie Butter und eine cremige Konsistenz verleiht, wird es bei Fertiggerichten, Tütensuppen, Margarine, Babynahrung und vielem mehr als Zutat hinzugefügt. Nicht nur in unserer geliebten

Nuss-Nougat-Creme, sondern in vielen Süßigkeiten und sogar den als gesund vermarkteten Milch-Schnittchen für Kinder ist Palmöl enthalten.
Besonders bedenklich ist die Zutat in Lebensmitteln und Süßigkeiten für unsere Kleinen, da laut Bundesinstitut für Risikobewertung der Verdacht besteht, dass Palmöl bei starkem Erhitzen krebserregende Substanzen bildet. Dazu ist es reich an ungesunden gesättigten Fettsäuren. Lecker, oder?
Und wenn ich verinnerliche, dass für unseren Luxus eines schokoladigen Brotaufstrichs der Lebensraum vieler Tiere und eben auch der wundervollen Orang-Utans zerstört wird, fällt zumindest mir der Genuss sehr schwer.
Das Gute ist, dass es für alles palmölfreie Alternativen gibt, selbst einen toll schmeckenden Nuss-Nougat-Brotaufstrich. Für weitere Informationen siehe Anmerkungen und Quellen, 7.
Die meisten Lebensmittelhersteller nutzen angeblich von der RSPO (Roundtable on Sustainable Palm Oil) zertifiziertes und nachhaltig produziertes Palmöl. Laut RSPO sind aber, Stand August 2017, weltweit erst 21% der gehandelten Mengen entsprechend zertifiziert. Ein guter Grund, da skeptisch zu sein.
Dennoch ist der RSPO ein Schritt in die richtige Richtung und wenn wir palmölhaltige Produkte verwenden, sollten wir Produkte bevorzugen, die den entsprechend zertifizierten Rohstoff einsetzen. Tun sie es nicht, sollten wir sie boykottieren. Nur so können wir etwas ändern.

Das waren die Lebensmittel. Wo aber wird dieses billige Fett noch verwendet?
Leider ist die Liste sehr lang: Seifen, Rasierschaum, Creme, Bodylotion, Mascara, Eyeliner, Kerzen, Waschmittel und Reinigungsmittel.
Puh, was kommt noch? Biokraftstoffe – leider schwanken die Quellen hier, was die Höhe des Anteils betrifft. Außerdem wird es noch bei der Herstellung von Futter für die Tiermast verwendet. Dieses Thema wird in einem späteren Kapitel noch genauer betrachtet.

Was aber tun?
Die Problematik ist, dass kein anderes pflanzliches Öl so effektiv angebaut werden kann, wie Palmöl. Bei der Ölpalme liegt die Ausbeute bei 3,3 Tonnen je Hektar, bei Raps, Kokos oder Sonnenblumen lediglich bei 0,7 und bei Soja sogar nur 0,4 Tonnen. (siehe Anmerkungen und Quellen, 8.)
Ein groß angelegtes Umschwenken auf andere Öle macht also definitiv keinen Sinn, da die nötigen Anbauflächen viel größer sein müssten, was besonders bei Soja und Kokos sehr problematisch wäre, da es zu ähnlichen Problemen für die Urwälder führte.

Was wir unmittelbar tun können, ist ein Ändern unseres Konsumverhaltens, speziell bei den Nahrungsmitteln. Wenn wir weniger Fleisch essen, uns von den Fertiggerichten abwenden, mehr regional produzierte Waren kaufen und dann auch noch selbst kochen, wird wohl kaum noch Palmöl auf dem Teller landen, denn da verwenden wir eher Raps-, Sonnenblumen- oder Olivenöl.

Bei Brotaufstrich, Schokoladen oder Pralinen – tja, ist es wirklich notwendig, dass für unseren Luxus ganze Ökosysteme samt unserer nächsten Verwandten ausgelöscht werden? Es sind ja nicht nur die Orang-Utans, sondern in Afrika die Gorillas, Schimpansen und Bonobos, die dadurch ebenfalls noch weiter gefährdet werden. Dazu viele weitere Tierarten, die für die Ökosysteme mindestens genauso wichtig, uns aber oft nicht so nahe sind. Vielleicht wegen der fehlenden Verwandtschaft? Das bedeutet nicht, dass sie nicht genauso qualvoll leiden, wenn ihre Lebensräume zerstört werden und ihre Jungen verhungern.

Neben unseren Essgewohnheiten wird ein Umdenken beim motorisierten Individualverkehr, bei dem jeder sein eigenes Auto nutzt, einen großen Beitrag zur Erhaltung dieser Lebensräume leisten. Konzepte für die vermehrte Nutzung des öffentlichen Verkehrs und eine Abkehr von den herkömmlichen Verbrennungsmotoren sind gefragt.

Auf jeden Fall ist zu allem, was du und ich als Einzelpersonen tun können, zusätzlich ein Handeln der Politik gefragt, um die Nachhaltigkeit des Palmöls zu sichern, damit es nicht weiter auf Kosten des Regenwald-Bestands geht. Auf eine Selbstverpflichtung der Industrie sollte man sich besser nicht verlassen.

Dennoch ist sicher: du und ich, wir, die Verbraucher, können die wichtigsten Schritte starten, wie bereits beschrieben. Wenn wir, in den reichen Ländern, unseren Konsum reduzieren, jeder ein bisschen, dann wäre schon viel dafür getan, dass der Markt gar keine weiteren Mengen an Palmöl benötigt, so dass das Roden der Regenwälder endlich aufhört.

Ebenfalls ein wichtiges Thema beim Konsumverhalten ist der Überfluss. Wir kaufen viel zu viel Nahrungsmittel, die wir dann später oft wegschmeißen. Wenn wir allein das abstellen können, ist nicht nur dem Regenwald geholfen, sondern man könnte viele Ressourcen bereitstellen, um etwas gegen den Hunger auf der Welt zu tun.

Es gibt einen weiteren Wald, der ebenfalls von besonderer Wichtigkeit für unser Klima ist. Der Boreale Nadelwald, der rund 30% der bewaldeten Fläche der Erde ausmacht. Davon wiederum ist rund ein Drittel als Urwald in einem von Menschen unbeeinflussten Zustand. Auch wenn dieser Wald nicht so artenreich und vielleicht daher weniger spannend für uns ist, so ist er gleichfalls sehr bedeutsam, da er große Mengen an Kohlenstoff aus der Luft filtert und speichert.
Die Erderwärmung macht diesen Wäldern besonders zu schaffen, da sie an die rauen klimatischen Bedingungen des hohen Nordens angepasst sind. Auch die Abholzung dieses extrem langsam nachwachsenden Waldes für die Papierherstellung ist ein Problem. Da spülen wir unseren Klimaschutz quasi in der Toilette runter. Du weißt, was ich meine.
Ebenso die Erschließung von Ölquellen und anderer Rohstoffe in Minen, zum Beispiel in Sibirien, stellen eine massive Gefährdung für diese Waldgebiete dar.

Eine Möglichkeit, die zuvor beschriebenen Wälder zu schützen, kann der Anbau und die Nutzung von Bambus sein. Ich war da bisher sehr skeptisch, aber manche Arten wachsen deutlich über einen Meter pro Tag. Das wiegt den langen Transportweg, zumeist aus Asien, auf. Und bei Holzprodukten wie Schneidbrettern oder wiederverwendbaren Strohhalmen und als Rohstoff für Papier eingesetzt, hilft das, Bäume zu schützen, die oft 100 Jahre und mehr für ihr Wachstum gebraucht haben, um dann als Toilettenpapier zu enden. Klingt äußerst sinnvoll und logisch.

Zu guter Letzt noch ein Tipp zum Wald: wenn du schon länger nicht mehr im Wald warst, geh doch einfach mal wieder hinein, möglichst weit.
Am besten badest du darin! Du hast noch nichts vom Waldbaden gehört? Die Japaner sagen Shinrin-Yoku und erforschen schon länger die heilende Wirkung des Waldes. Die Luft enthält sehr viele Botenstoffe, die sich positiv auf unsere Gesundheit auswirken, zum Beispiel auf unser Immunsystem, aber auch auf den Blutdruck und die Stressfaktoren. Sogar Killerzellen gegen Krebs sollen so aktiviert werden. Phytonzide und Terpene heißen die wunderwirkenden Bestandteile der Waldluft. Du findest dazu viele Informationen im Internet. Oder du lässt alle elektronischen Verbindungen hinter dir und gehst einfach hinein, atmest tief ein und riechst und fühlst, wie bedeutsam der Wald für uns ist. Die Luft ist reiner und im Sommer verschafft sie angenehme Kühle.

Hinzu kommt die entspannende Wirkung, die unsere Seele gerne genießt.
Und eine Verbindung wirst du auch im Wald bekommen, viel besser und wichtiger als jedes WLAN ins Internet!

## Borneo – ein Erlebnisbericht

Im Herbst 2017 zog es meine Frau und mich nach Borneo. Neben den Schilderungen anderer Reisender über das dortige Regenwaldparadies trieb uns vor allem die Sorge, dass Orang-Utans in der freien Natur bald ausgestorben sein könnten, zu dieser Reise. Auch wollten wir uns gerne vor Ort ein Bild von den Zerstörungen des Regenwaldes durch die Palmölplantagen machen.

Was die Orang-Utans angeht, hatten wir riesiges Glück – wir haben sie mehrfach in freier Wildbahn gesehen. Sogar einen recht Jungen und ein schwangeres Weibchen.

Das waren sehr berührende und glückliche, aber auch wehmütige Momente. Der Gedanke, an ihrem Leid mitschuldig zu sein, war besonders bewegend, wo wir sie gerade live und so nah erlebt haben. Auf mich persönlich haben Menschenaffen schon seit meiner Kindheit eine ganz besondere Wirkung, und ich bin sehr dankbar, dass ich sie so erleben durfte. Die Begegnungen haben mir, wieder einmal,

klargemacht, warum mir der Erhalt der Natur so wichtig ist.
Das Bild entstand im „Sepilok Orangutan Rehabilitation Centre“, wo man ihnen bei den Fütterungen doch recht nah ist. Vor allem wenn sie, wie diese Dame mit ihrem Kind, auf dem Handlauf des Weges posiert, der zum Fütterungsplatz führt.
Das Rehabilitation Centre leistet wichtige Arbeit und ist für viele junge Orang-Utans die letzte Rettung. Allzu oft bleiben sie als Waisen zurück, wenn die Mütter im Konflikt mit den Menschen den Kürzeren gezogen haben. In der Station werden sie solange betreut, bis sie alleine in der Wildnis überleben können, um sie dann auszuwildern. Die Station ist zum Zeitpunkt unseres Besuches auch Herberge für ein paar verwaiste Borneo-Zwergelefanten. Das ist nicht ganz einfach zu bewältigen, da sowohl Platz- als auch Futterbedarf die Möglichkeiten der Einrichtung sprengen.

Unser Glück beschränkte sich aber nicht nur auf die Begegnungen mit den Waldmenschen in der Nähe von Sukau am Fluss Kinabatangan, sondern es hatte noch mehr für uns in petto. Wir haben eine Herde der sehr seltenen Borneo Pygmy Elephants, also der Zwerg-elefanten, gesehen. Wenn man bedenkt, dass es nur noch geschätzte 1000 Tiere gibt, war das ein besonderes Geschenk.
Ebenfalls ein Geschenk war unser Guide, der nicht nur unglaublich viel wusste, sondern sich selbst auch für den Erhalt der Umwelt einsetzt. Man könnte das als selbstverständlich ansehen, da er ja davon lebt, und zudem für einen sehr auf Nachhaltigkeit bedachten Lodgebesitzer

und Touranbieter arbeitet. Ich denke aber nicht, dass man das voraussetzen kann, zumal er wirklich sehr viel Engagement zeigt.
So soll zum Beispiel in Sukau eine Brücke über den Fluss gebaut werden, was nachhaltig negative Veränderungen für die Tiere, aber auch für das soziale Gefüge der Einheimischen mit sich brächte. Er hat ein Video gedreht, das Tiere zeigt, die durch die Brücke gefährdet wären, unter anderem die bedrohten Elefanten. Und er hat es vielen Bewohnern der Gegend gezeigt, damit sie sich auch gegen die Brücke engagieren. Momentan ist der Bau von der Regierung des Bundesstaates Sabah gestoppt worden. Das vermutlich eher, weil auch international gegen das Projekt protestiert wird. So hat sich ebenfalls der bekannte britische Tierfilmer und Naturforscher Sir David Attenborough gegen den Bau ausgesprochen, was die Regierung vermutlich mehr beeindruckt hat. Trotzdem ist das Engagement unseres Guides bemerkenswert und sehr wichtig! Jeder kann etwas bewegen und jeder Beitrag wird gebraucht – überall auf der Welt.
Die größten Probleme auf Borneo sieht er im Anbau von Ölpalmen und Gummibäumen. Letzteres ist aus seiner Sicht besonders kritisch, weil die Gummibaumplantagen den Tieren wenig bieten, während die Ölpalmen zumindest in die Nahrungskette vieler Tiere passen. Allerdings lässt der Mensch selten ein friedliches Miteinander von Plantage und Tieren, wie Elefanten und Orang-Utans, zu. Außerdem rauben die Plantagen den Tieren ihre Lebensräume. 10% der Landfläche von Sabah werden für den Anbau von Ölpalmen genutzt. Das klingt relativ wenig im Vergleich zu den 25%, die mit Regenwald bedeckt sind.

Der Eindruck vor Ort erweckt allerdings das Gefühl, dass die Anbaufläche deutlich größer sei. Die Plantagen scheinen überall zu sein. Ein großes Problem dabei ist, dass sie die Rückzugsgebiete der Tiere trennen und so das natürliche Wandern verhindern. Oft werden die Palmen direkt bis an die Flüsse angebaut, obwohl dort ein Streifen für die Tierwanderung bleiben müsste.

Die Regierung möchte die Waldfläche auf 35% erhöhen, und das vom WWF initiierte Projekt "Heart of Borneo" (www.heartofborneo.org) plant, alle Schutzgebiete von Borneo in den Teilen von Malaysia, Brunei und Indonesien miteinander zu vernetzen. Ein ehrgeiziges Projekt, das hoffentlich erfolgreich umgesetzt wird.

Eine weitere Problematik für die Umwelt, ebenfalls von den Plantagen kommend, ist die Nutzung chemischer Dünger. Durch die vielen Regenfälle und die damit verbundenen, regelmäßigen Hochwasser werden diese in die Flüsse gespült und haben da entsprechenden Einfluss auf die im Wasser lebenden Tiere und somit auch auf die, die diese fressen, inklusive des Menschen.
Außerdem leiten viele Ölmühlen ihre Abwässer ungeklärt in das Flusssystem. Leider ist das schwer zu kontrollieren, weil die dafür illegal gegrabenen Kanäle im dichten Regenwald schwer zu finden sind.

Mir wurde bei alldem einiges an Zusammenhängen klar. Es zeigt, wie wichtig es ist, beim Einkaufen darauf zu achten, dass die Zutaten unserer Lebensmittel, wie zum Beispiel Palmöl, aber auch alle anderen, aus nachhaltigen

Quellen und möglichst biologischem Anbau stammen. Nachhaltig aber nicht nur aus ökologischer Sicht, sondern auch aus sozialer. Zertifizierungssysteme wie Fairtrade können dabei eine gute Hilfe sein.

Dieser Verantwortung, die mit unseren Entscheidungen am Supermarktregal einhergeht und Einfluss hat bis zum anderen Ende der Welt, sollten wir uns bewusstwerden.

## Sarah Waltinger – Fragen an einen Reiseprofi

Sarah Waltinger ist gebürtige Mainzerin und schwärmt – mit großer Leidenschaft – von dort aus, die Welt zu entdecken. Auf ihrem Blog erzählt sie Geschichten von unterwegs und von den Menschen, die ihr begegnen. Sie gibt Tipps zu Fernreisen sowie zu spannenden Orten gleich vor der Haustür. Der Fokus liegt auf nachhaltigem Reisen.
Mehr Informationen zu Sarah und ihren spannenden Erlebnissen kannst du auf ihrer Webseite und Social-Media-Kanälen finden (siehe Anmerkungen und Quellen, 9.).

*Sarah, was macht dich zum Reiseprofi und wie oft beziehungsweise lange bist du unterwegs?*

Die jährlichen Familien-Sommerurlaube in der Toskana auf einem Campingplatz haben mir schon als Kind einen besonderen Zugang zur Natur vermittelt. Sie zeigten mir zudem, dass ich mich auch fern von meiner Heimat zu Hause fühlen kann. Meine Begeisterung für Sprachen, Kultur und alles, womit ich meinen Horizont erweitern kann, ließ auch später nicht nach. Mein Ethnologie Studium war dann die logische Konsequenz, und als Belohnung habe ich mir nach dem Studium im Jahr 2012 einen lang ersehnten Traum erfüllt. Ich buchte ein One Way Ticket nach Rom, mietete ein kleines Studio am Campo de' Fiori und verbrachte einen ganzen Sommer in der ewigen Stadt. Das war zugleich der Startschuss meines Reiseblogs.

Das Reisen ist mittlerweile zu meinem Beruf geworden. Neben dem Bloggen schreibe ich für Onlinemagazine und Reise-Verlage. Zwischen den Reisen verbringe ich auch viel Zeit zu Hause und verarbeite Erlebtes zu Geschichten, bearbeite die vielen Fotos und baue mein Netzwerk aus. 2017 war ich insgesamt drei Monate unterwegs, eine Mischung aus mehrwöchigen Reisen und Kurztrips. Im Jahr 2018 wird es wohl etwas mehr sein. Da steht zum Beispiel Georgien auf dem Plan, aber auch noch andere spannende Ziele.

*Gibt es etwas, dass dir bei allen Reisen, beruflich wie privat, besonders wichtig ist?*

Bei allen meiner Reisen ist es mir besonders wichtig, Mensch und Natur mit dem größtmöglichen Respekt zu begegnen. Ich bezeichne mich gerne als Slow Traveller. Dabei reise ich nicht nur bewusst langsam, sondern auch intensiv. Ich will auf meinen Reisen tief in die Kultur eintauchen und die Orte, an denen ich mich aufhalte, möglichst wie "Locals" erleben.

*Ist dir Nachhaltigkeit beim Reisen wichtig? Und wenn ja, wie schaffst du es, diese umzusetzen?*

Auf jeden Fall! Jeder von uns trägt einen Teil der Verantwortung, dass unser wunderschöner Planet für die kommenden Generationen erhalten bleibt. Ich führe einen bewussten und nachhaltigen Lebensstil und der soll beim Reisen nicht aufhören. Bei einigen Regionen gibt es leider keine wirkliche Alternative zum Flugzeug. Jedoch haben sich die meisten meiner Reiseziele mittlerweile in Zugentfernung verlagert. Schließlich muss man

nicht immer in die Ferne schweifen. Auch innerhalb Deutschlands und Europas gibt es viel zu entdecken. Kürzlich war ich am Eibsee in Bayern, der mit seiner atemberaubenden Berglandschaft fernen Naturwundern wie Kanada in nichts nachsteht.
Zum nachhaltigen Reisen gehört für mich außerdem dazu, dass die einheimische Bevölkerung vom Tourismus profitiert. Bei Kreuzfahrten oder All-Inclusive-Hotels ist das, beispielsweise, kaum der Fall.

*An welches besonders schöne und besonders negative Erlebnis in Bezug auf nachhaltiges Reisen erinnerst du dich?*

Während einer Pressereise auf Texel habe ich viele schöne Momente in Bezug auf nachhaltigen Tourismus erfahren. Es gibt Ferienunterkünfte mit Ladestation für Elektroautos. In dem Restaurant unseres Hotels kamen viele Produkte aus Texel auf den Teller. Kürzester Transportweg war der Bauernhof der Hotelinhaber, der gleich hinter dem Anwesen liegt. Auch sonst herrscht auf der Insel ein großes Umweltbewusstsein. 2016, beispielsweise, wurde die gesamte öffentliche Beleuchtung auf nachhaltige LED-Lampen umgerüstet.
Einen weniger schönen Moment erlebte ich auf der Azoren-Insel São Miguel. Beim Spaziergang entlang der Hafenpromenade beobachtete ich, wie ein Kreuzfahrtschiff einlief. Die vielen Decks übereinander mussten hunderte Kabinen beherbergen. Die Masse an Menschen wirkte wie eine Invasion auf die kleine Insel im Atlantik. Erst neulich habe ich gelesen, wie viele Klimasünden tatsächlich hinter einem Urlaub mit dem Kreuzfahrtschiff

stecken und, dass, ökonomisch betrachtet, nicht die bereisten Länder, in denen die Schiffe anlegen, die Profiteure sind, sondern lediglich die Veranstalter und die Werften. Selbst das Essen für das Buffet an Bord wird meist vom Startort des Schiffs in die jeweilige Urlaubsregion geflogen.

*In welchem Land ist dir der Wille, nachhaltigen Tourismus anzubieten, besonders aufgefallen?*

In Costa Rica war ich überrascht, wie viel die Regierung generell in Sachen Nachhaltigkeit bewegt. Weltweit gilt Costa Rica als das Land mit der höchsten biologischen Vielfalt. Ein Viertel der Landesfläche steht unter Naturschutz. Das war nicht immer so. In den letzten Jahrzehnten wurde ein großes Bewusstsein für Nachhaltigkeit und Klimaschutz geschaffen. Frühere Kaffeeplantagen wurden aufgeforstet und ihnen so wieder neues Leben eingehaucht. Steuereinnahmen durch fossile Brennstoffe werden in den Erhalt des Urwaldes investiert. Im Jahr 2015 konnte Costa Rica 99 Prozent der Elektrizität aus erneuerbaren Energiequellen gewinnen. Bis 2021 möchte das Land das Ziel, CO2-neutral zu sein, erreicht haben. Ein Land mit hohen Zielen und einer der wenigen Staaten ohne Armee. Seit 1949 verwendet die Regierung die Gelder, die einst für die Finanzierung des Militärs genutzt wurden, für Bildung, Gesundheit und die Rente. Ein Beispiel dafür, dass alles irgendwie zusammenhängt. Umweltschutz, die Zufriedenheit der Bevölkerung, respektvoller Umgang miteinander, bewusster Umgang mit Ressourcen und auch nachhaltiger Tourismus.

Costa Rica zählt zu den teuersten Reisedestinationen Zentralamerikas. Das Geld habe ich jedoch gerne ausgegeben, da man sieht, dass es bei den Menschen vor Ort ankommt.

*Kommst du auf deinen Reisen mit vielen anderen Touristen in Kontakt? Wie wichtig scheint ihnen das Thema Nachhaltigkeit zu sein? Erkennst du dabei einen Unterschied zwischen Jung und Alt beim Reisen?*

Ja, als Reisebloggerin spreche ich viel mit anderen Menschen über Reisen im Allgemeinen und Nachhaltigkeit im Besonderen. Sowohl auf Reisen, als auch privat. Dabei fiel mir auf, dass jeden Alters viel Interesse am nachhaltigen Reisen besteht. Ich hatte aber auch den Eindruck, dass viele das Thema scheuen, da einige nicht wissen, wo sie anfangen sollen und dass ein günstiger Preis oft wichtiger ist, als ein Urlaub oder eine Reise mit grünem Gewissen. Um Reisenden nachhaltigen Tourismus schmackhafter zu machen, halte ich es für wichtig, die Philosophie, die dahintersteckt, zu erklären. Nachhaltiger Tourismus versteht sich als Gegensatz zum Massentourismus. Es geht nicht nur darum, CO2 Bilanzen auszugleichen und in teuren Öko-Hotels einzuchecken. Als bewusst Reisender erlebe ich die Natur intensiver und durch das Anpassen an die Gegebenheiten vor Ort, tauche ich tief in die Kultur ein.

*Was sind deine persönlichen Tipps für ein umweltbewusstes und nachhaltiges Erkunden der Welt?*

Klimaschutz und Reisen muss sich nicht ausschließen. Neben dem Abwägen der Transportmittel, Zug statt Flug, sind nachhaltig zertifizierte Hotels eine super Sache. Hier könnt ihr beispielsweise sichergehen, dass umweltfreundliche Produkte verwendet werden und der Müll recycelt wird. Ansonsten verhalte ich mich auf Reisen genauso wie zu Hause, die Klimaanlage bleibt ausgeschaltet, ich vermeide Müll, habe immer einen Jutebeutel dabei sowie eine wiederbefüllbare Trinkflasche. Es sind die Kleinigkeiten, die schlussendlich eine große Wirkung haben.

*Liebe Sarah, vielen Dank für das Interview und die spannenden Antworten. Vielleicht inspiriert es ja einige Leser, es dir gleich zu tun und das nachhaltige Slow Traveling für sich zu entdecken. Einige der von dir genannten Punkte werde ich im nächsten Kapitel noch mal aufgreifen und um weitere ergänzen.*

## Urlaub und Umwelt – nachhaltiges Reisen

*„Reisen veredelt den Geist und räumt mit unseren Vorurteilen auf!"*
Oscar Wilde (1854-1900), irischer Schriftsteller

Wenn du mich fragst, gebe ich dem guten Oscar völlig Recht. Zu seinen Lebzeiten war das Reisen noch nicht so leicht und unbeschwerlich wie heute. Aber auch nicht so klimaschädlich.
Mich persönlich bringt das in eine Zwickmühle. Ich möchte ja etwas Positives für die Erhaltung des Planeten tun. Da sind Fernreisen alles andere als hilfreich. Aber ich möchte auch unbedingt die Welt entdecken.
Mutter Erde hält so wunderschöne Orte und Geschöpfe für uns bereit und diese erleben zu dürfen finde ich traumhaft und sehr bereichernd. Ich bekomme einen ganz anderen Bezug zu den bedrohten Tierarten, wie zum Beispiel Nashörnern, Elefanten oder Orang-Utans, wenn ich sie in freier Wildbahn beobachten kann. Das ermöglicht es mir, zuhause als Botschafter dieser gefährdeten Arten Anderen davon zu berichten und so auch einen kleinen Beitrag zu ihrer Erhaltung zu leisten. Gleiches gilt natürlich auch für die bedrohten Regenwälder oder Korallenriffe.
Auch für das menschliche Miteinander ist es förderlich, wenn man auf Reisen in andere Kulturen eintaucht. Man gewinnt einen ganz anderen Blick darauf, warum sich Menschen in anderen Ländern anders verhalten. Ich finde es dadurch nicht zwangsläufig gut, aber es macht einen

Unterschied und verändert die Sichtweise. Und ein besseres Miteinander der Kulturen kann die Welt ganz sicher gut gebrauchen.

Zurück zur Umwelt: Ich hatte schon immer ein Bewusstsein dafür, aber einige Themen haben sich mir erst durch das Reisen erschlossen, wofür ich jetzt sehr dankbar bin. Ja, aber: das ändert nichts daran, dass die Umwelt durch die Reise zu einem fernen Ziel sehr belastet wird.
Der Urlaub auf Borneo hat durch den Flug 4.642kg $CO_2$-Emissionen verursacht. Das klimaverträgliche Jahresbudget liegt bei 2.300kg pro Person (Angaben von Atmosfair, siehe Anmerkungen und Quellen, 10). Der Wert ist nicht für das Reisen, sondern für das gesamte Leben eines Jahres.
Da wird das Dilemma schnell deutlich.

Natürlich wäre es besser, wenn wir alle mit dem Zug an die Ost- oder Nordsee, in den Bayrischen Wald oder den Schwarzwald, in die Alpen in Österreich oder der Schweiz fahren. Das muss man gar nicht diskutieren. Dazu kommt, dass auch unsere Heimat wunderschön und es wert ist, sie ausgiebig zu entdecken. Für mich selbst ist es der Mix zwischen Heimat und Ferne, der den Reiz ausmacht.
Es gibt meiner Meinung nach einen geeigneten Kompromiss für die, die auf Flugreisen nicht verzichten mögen: den $CO_2$-Ausgleich. Einen Anbieter dafür, Atmosfair, habe ich oben schon genannt, weitere findest du im entsprechenden Eintrag bei den „Umwelt-Tipps für den Alltag von A-Z“.

Hier lassen sich nicht nur Reisen kompensieren, sondern bei einigen Anbietern auch der jährliche Ausstoß durch das Heizen oder den alltäglichen Gebrauch des Autos. Und auch die Kreuzfahrer kommen nicht zu kurz. Gut so, denn ein Flug von Frankfurt nach Barcelona und eine 8-tägige Mittelmeerkreuzfahrt schlägt mit rund 2.500kg zu Buche. Hinzu kommt, dass viele Kreuzfahrtschiffe noch immer mit dem besonders umweltschädlichen Schweröl fahren und über keinerlei Filteranlagen für die Abgase verfügen. Für stark frequentierte Städte wie Venedig ein gravierendes Problem, da sich zum CO2 dann noch Unmengen an Feinstaub gesellen.
Die Anbieter dieser Kompensationen investieren den Betrag, den du dort entrichtest und im Übrigen als Spende absetzen kannst, in vielfältige Projekte weltweit. Diese Projekte eint, dass sie eine Einsparung von CO2-Emissionen als Ziel haben, sind aber ganz unterschiedlicher Natur. Es können zum Beispiel Wind- oder Wasserkraftanlagen sein, aber auch effiziente Kochstellen für afrikanische Familien, die keine Stromversorgung haben, oder Aufforstungsprojekte.

Ich denke, das ist ein guter Kompromiss, auch wenn man zum Teil von Ablasshandel oder dem Reinwaschen des grünen Gewissens hört. Das muss letztendlich jeder für sich bewerten. Reisen in ferne Länder machen und gar nichts tun ist auf jeden Fall eine schlechte Alternative.
Was ich ebenfalls recht bedenklich finde, sind Kurztrips mit dem Flieger. Mal eben für ein Wochenende zum Sonne tanken nach Mallorca oder Shoppen nach New York jetten? Klingt verlockend. Aber wenn ich dann den

$CO_2$-Ausstoß ins Verhältnis zu den Tagen am Zielort setze, ist das ein sehr fragwürdiges Vergnügen.
Für das Fliegen gilt generell, dass man kurze Strecken meiden sollte und stattdessen besser Züge oder Fernbusse nutzt.

Es gibt einen weiteren wichtigen Aspekt, denn es geht beim Reisen nicht nur darum, wie ich zum Zielort gelange. Auch vor Ort kann man große Unterschiede bewirken. Es gibt Unterkünfte, die sehr viel für die ökologische und soziale Nachhaltigkeit tun und daher beim Buchen den Vorzug vor anderen erhalten sollten. Dabei geht es zum Beispiel um das soziale Engagement, besonders in armen Ländern. Das kann die Förderung von Schulen beinhalten oder Konzepte zur Förderung der Familien von Angestellten. Das Einkaufen von lokal produzierten Lebensmitteln und Waren oder Dienstleistungen gehört ebenfalls dazu.
Aber es geht natürlich auch um Energiekonzepte, Einsparung von Strom und Wasser und das Einbinden der Kunden in selbiges.
Meine Erfahrung zeigt auch, dass es durchaus positiv ankommt, wenn man vor Ort nach den Konzepten zur Nachhaltigkeit fragt und betont, wie wichtig das ist. Das erhöht das Interesse der Hotels, sich in dem Bereich entsprechend gut aufzustellen.
Im Hotel kann man auch auf weitere Arten mitwirken, zum Beispiel, indem man die Handtücher so lange nutzt, wie möglich. Oft werden sie leider gewechselt, obwohl das gar nicht gewünscht war (da sie nicht auf den Boden gelegt wurden, was allgemein als Zeichen für den

gewünschten Wechsel verwendet wird). Wurden sie ohne Wunsch gewechselt, kann man das Personal im Hotel darauf aufmerksam machen.
Es müssen im Übrigen nicht unbedingt die teuren Ecolodges sein, auch viele kleine Häuser achten auf ihren ökologischen Fußabdruck – und damit auch auf deinen.

Dazu gibt es Tour-Anbieter, zum Beispiel für Ausflüge vor Ort, die von sich aus für diese oder die Zubringerdienste CO2-Neutralität herstellen.
Überhaupt sind deine Aktivitäten am Urlaubsort mitentscheidend für die Ökobilanz deiner Reise.
So ist eine Quad-Tour wohl etwas ungeeigneter als eine Radtour, um die Bilanz im grünen Bereich zu halten. Zudem hinterlassen Offroad-Quad-Touren oft Spuren, die über Jahre, oder in der Wüste auch Jahrzehnte, hinaus sichtbar sind. Auch die Tierwelt wird durch diese Aktivitäten oft gestört. Gerade im Wüstensand verbergen sich Tiere, die von den Quadreifen schnell geplättet werden.
Genauso wie Skifahrten oder Schneeschuh-Wanderungen abseits der üblichen Wege die Tiere, die dann die Flucht ergreifen müssen, in langen Wintern wichtige Reserven kosten, was im schlimmsten Fall ihren Tod bedeuten kann.
Im Grunde sind alle motorisierten Aktivitäten zu hinterfragen, und sei es die tägliche Fahrt zum Riff für die Tauchgänge. Man kann das dann zumindest bei der CO2-Kompensation berücksichtigen, indem man die errechneten Beträge einfach etwas nach oben aufstockt.

Was denkst du? Ich finde es sehr sinnvoll und man kann so durchaus mit dem richtigen Bewusstsein weiterhin die Welt entdecken.

Im Folgenden findest du weitere Anregungen für Nachhaltigkeit beim Reisen, aufgeteilt in drei Bereiche.

Ökologisch

- Müll nicht in der Umwelt entsorgen, das gilt natürlich auch für Zigarettenkippen.
- Sich an einem Beach Clean-Up beteiligen oder selbst einen initiieren. Andere werden mitmachen und man kann dann selbst einen viel saubereren Strand genießen.
- Möglichst wenig Müll erzeugen. Wenn man zum Beispiel das Leitungswasser nicht trinken kann, was allerdings in vielen Ländern mittlerweile möglich ist, sollte man Kanister kaufen und in kleinere und wiederverwendbare Flaschen umfüllen, die man dann immer wieder nutzen kann. So spart man auch einiges an Plastik ein. Oft gibt es aber auch die Möglichkeit, seine Flasche an öffentlichen Wasserstationen mit gefiltertem Wasser zu füllen
- Möglichst lokale und unverpackte Produkte kaufen. Gerade auf fernen Inseln schlagen Transport und Verpackungen unserer gewohnten Süßigkeiten oder Getränke stark zu Buche. Es ist doch auch viel interessanter, mal etwas Neues auszuprobieren

- Im Urlaub gönnt man sich öfter als sonst einen Drink. Zu Recht soll die Zeit genossen werden. Aber bitte ohne Strohhalm. Oder mit einem Wiederverwendbaren, den man auch dabeihaben kann, wenn es einem wichtig ist
- Auch einen wiederverwendbaren Kaffeebecher oder die schon erwähnte Trinkflasche tragen stark dazu bei, Müll zu vermeiden. Genauso wie der Stoffbeutel beim Einkaufen, welcher die Plastiktüten einspart.
- Sogar im Flieger kann man eigene Becher für Kaffee und Tee oder auch für Wasser nutzen oder zumindest den von den Flugbegleitern gereichten immer wieder verwenden.
- Ein Reisebesteck hilft, unterwegs, oder sogar in manchen Hotels, auf das Plastikbesteck verzichten zu können. Ästhetischer ist der Gaumenschmaus damit auch.

Ökonomisch

- Kleine Häuser oder Tour-Anbieter in lokalem Besitz bevorzugen. So bleibt möglichst viel Geld im Land und bei den Leuten, die es am meisten brauchen
- lokal produzierte Waren oder Kunsthandwerk kaufen, es kommt oft den Familien vor Ort direkt zu Gute
- Auch ordentliche Trinkgelder kommen direkt an und man wird mit einem Lächeln beschenkt. Geiz ist da völlig fehl am Platz.

Sozial

- Länder meiden, in denen moderne Sklaverei herrscht oder die Menschenrechte nicht beachtet werden
- „Pack for a Purpose“: In vielen Ländern gibt es Hotels oder Unterkünfte, aber auch Tour-Anbieter, die diese Organisation unterstützen. Man nutzt Platz im Koffer, indem man etwas von einer Liste aussucht und mitbringt, was vor Ort benötigt wird. So kann man zum Beispiel Kinder mit Schulheften oder Stiften unterstützen oder ihnen mit einem Fußball eine Freude bereiten. (Pack for a Purpose, Anmerkungen und Quellen, 11).
- Man kann auch überschüssiges Geld, anstatt es zuhause wieder umzutauschen, vor Ort in sinnvolle Dinge investieren und einem SOS Kinderdorf oder ähnlichem zur Verfügung stellen. So sind Hygieneartikel wie Zahnbürsten und -creme auch immer willkommen.
- Respekt für die Kultur im Gastland. Die Menschen freuen sich, wenn man ihre Lebensweise achtet oder noch besser, sich dafür interessiert und mit ihnen in Kontakt kommt.
- Reise buchen: wie wäre es mit dem guten alten Reisebüro? Oft sind die Preise nicht schlechter als Online, aber man unterstützt ein lokales Business in seiner Heimat.

  Hinter manchem Internetauftritt verbirgt sich übrigens auch geschultes Personal, vergleichbar den Reisebüros um die Ecke. Oft sind es Spezialanbieter für bestimmte Länder oder Aktivitäten mit besonderen Angeboten.

Wie du siehst, ist nachhaltiges Reisen recht vielseitig und deine Reise wird ein deutlich größerer Genuss, wenn du einige Ratschläge befolgst und so der Umwelt und den Menschen im Gastland eine Freude bereitest.

## Unser Müll

Hurra! Wir sind Weltmeister im Recyceln!
Vize-Europameister sind wir auch! Leider im Produzieren von Müll. Nur die Dänen sind noch schlimmer. Weltweit schaffen wir es auf Platz 3 hinter Dänemark und den USA (Quelle: OECD).
Da verebbt der Jubel über unsere Recycling-Freudigkeit schnell wieder. Natürlich ist es großartig, dass wir unseren Müll trennen und dafür sorgen, dass möglichst viel wiederverwertet werden kann. Das sollten wir auch weiterhin tun und sogar noch intensivieren. Aber wenn das der Grund ist, warum wir bereitwillig so viel Verpackungsmüll hinnehmen, hat es einen Haken. Sogar einen Großen! Wir denken, dass alles einen grünen Punkt hat und über den Gelben Sack recycelt wird und dass die vielen Verpackungen so in die Wiederverwertung kommen. Leider stimmt das nicht, denn viel von dem Müll wird entweder exportiert oder landet in der Müllverbrennung.
So ist der beste Müll eindeutig der, den es gar nicht erst gibt!

Müll ist ein Thema, das jeden betrifft. Die Einen mehr, Andere weniger, aber wohl kaum jemanden gar nicht. Täglich sind wir damit konfrontiert. Es ist so selbstverständlich für uns, etwas in den Mülleimer oder auch in den gelben Sack zu werfen, dass wir es gar nicht mehr aktiv registrieren.

In den privaten Haushalten entsteht jede Menge Müll. In Deutschland waren es zuletzt 617kg pro Person und Jahr. Das Problem mit dieser Zahl wird erst so richtig deutlich, wenn man sie in Relation setzt zu den Müllbergen in anderen EU-Ländern. Im Durschnitt sind es in Deutschland 130kg, also rund ein Viertel, mehr. Diese und andere interessante Fakten hat die Süddeutsche Zeitung im Mai 2017 zusammengetragen (Anmerkungen und Quellen, 12.).

Da verkommt der Titel „Sortierweltmeister" eher zu einem schwachen Trost, da bei uns viel zu viel Müll anfällt.

Weil er nun mal da ist, ist das Sortieren natürlich absolut sinnvoll. Leider werfen viel zu viele Menschen ihren Müll, ohne darüber nachzudenken, in irgendeinen Behälter. Ist immerhin besser, als ihn achtlos in die Landschaft zu schmeißen. Aber oft gibt es mehrere Behälter, so dass auch in der Öffentlichkeit Mülltrennung gefragt ist. Nicht nur in Deutschland, man sieht es mittlerweile in vielen Ländern. Zuletzt konnte ich es auf Borneo beobachten. Leider achtet ein Großteil überhaupt nicht darauf. Da ist noch viel Aufklärungsarbeit nötig, überall auf der Welt!
Ich habe von 2008 bis 2011 in Rochester Hills in Michigan/USA gelebt. Die Amerikaner sind nicht gerade für einen umweltbewussten Umgang mit dem Thema Müll bekannt. Diese Stadt ist aber ein Vorreiter. Es gab eine Wertstofftonne, die bei der Abholung gewogen wurde. Gewichtsabhängig gab es Bonuspunkte, die man dann in Einkaufsgutscheine und ähnliches eintauschen

konnte. Ich denke zwar, dass Mülltrennung selbstverständlich sein sollte, aber wenn man auf diese Art mehr Bürger dazu motivieren kann, warum nicht?

Aber zurück nach Deutschland.
Besonders bei Glas und Papier liegen die Recyclingquoten mit jeweils über 80% sehr hoch. Allerdings gibt es regionale Unterschiede, da Müll ein Thema der Kommunen und Landkreise ist. So gibt es Städte, in denen Altpapier ähnlich wie Glas in zentral aufgestellten Containern gesammelt wird, bei anderen hat jeder Haushalt oder jede Hausgemeinschaft eine eigene Tonne. Letzteres erhöht vermutlich die Leidenschaft beim Trennen. Es gibt aber auch Haushalte, die weder eine Tonne haben noch Container in der Nähe. Das kann an der Gemeinde liegen, aber auch am Vermieter oder der Hausverwaltung. Sollte das bei dir der Fall sein, kannst du ja mal nachforschen. Es lässt sich bestimmt ein Weg finden, damit du auch Altpapier getrennt entsorgen kannst. Unsere Wälder werden es dir danken.
Bei Kunststoffen liegt die Recyclingquote laut Umweltbundesamt bei 47%, rund 53% werden demnach energetisch verwertet, also verbrannt und zur Strom- oder Fernwärmeerzeugung genutzt, oder ins Ausland exportiert. Ersteres ersetzt zwar den Einsatz von fossilen Energieträgern, aber auch nur indirekt, da die ja im Kunststoff mit Mineralöl als Basismaterial schon vorhanden sind.
Es bleibt also dabei, der beste Müll ist der, der gar nicht erst anfällt.

Um das zu unterstützen, sollte seitens der Gesetzgebung etwas getan werden, damit Hersteller und Handel gezwungen werden, die zum Teil völlig unsinnigen und Material-verschwenderischen Verpackungen zu verbessern. Oft erfüllen diese viel mehr Design- und Marketinganforderungen, als den notwendigen Schutz des Produktes. Das kann und sollte man als Verbraucher abstrafen, seitens gesetzlicher Regelungen wäre es aber sicher schneller und effektiver geregelt. Im Grunde müsste dafür nur die Einhaltung der Verpackungs-verordnung überwacht werden. So ist diese aber leider ein zahnloser Tiger. Mehr Informationen zu Verpackungen findest du im Artikel „Wenn Verpackung ihren Sinn verfehlt" von der SZ (Anmerkungen und Quellen, 13).
Ein wichtiger Aspekt beim Verpackungsmüll ist, dass er nur recycelt werden kann, wenn unterschiedliche Materialien voneinander getrennt werden, z.B. der Aludeckel komplett vom Joghurtbecher abgezogen wird. Ein kleiner Handgriff mit großer Wirkung.
Schade, dass solche Informationen im Sinne einer „Müll-Aufklärung" nicht besser zugänglich sind.

Wie schwer es ist, beim Müll die richtigen Entscheidungen zu treffen, verdeutlicht der zuerst genannte Artikel in der Süddeutschen Zeitung: Die größten Müll-Mythen (Anmerkungen und Quellen, 12.). So ist die Plastiktüte, wie schon im Kapitel Nachhaltigkeit erwähnt, nicht per se schlechter als eine Papiertüte. Was Plastik aber so problematisch macht, werde ich in einem separaten Kapitel darlegen.

Ein anderer, in dem Artikel erwähnter Mythos sind die Kaffee-Kapseln. Die Müllberge sind dramatisch und ich möchte hier ganz sicher keine Lanze für die Dinger brechen. Aber der Energieaufwand einer Siebträgermaschine ist, speziell für nur eine Tasse, deutlich größer als bei einer Kapsel-Maschine. Es gilt also wieder, das gesamte Bild zu betrachten. Wenn man dann zum Beispiel Ökostrom bezieht…Ja, es ist ein komplexes Thema.

**Zusammensetzung der haushaltstypischen Siedlungsabfälle 2015**

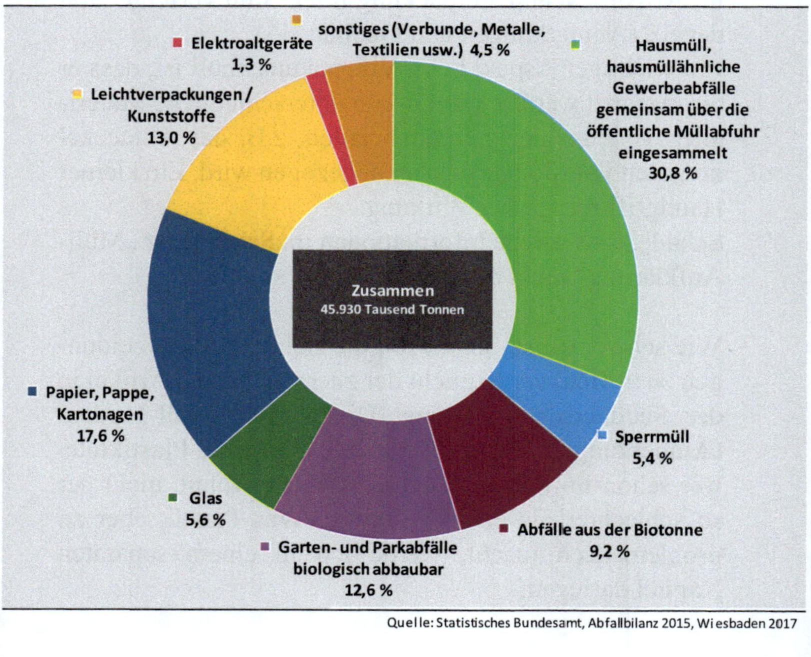


Quelle: Statistisches Bundesamt, Abfallbilanz 2015, Wiesbaden 2017

Die Zusammensetzung unseres Mülls im Jahr 2015 ist in der vorhergehenden Grafik dargestellt (Quelle: Statistisches Bundesamt).
Im Vergleich zum Jahr 2000 hat sich beim Müll Positives wie Negatives getan. Laut Umweltbundesamt (siehe Anmerkungen und Quellen, 14.) stieg das Aufkommen an Haushaltsabfällen seitdem von 37,6 Millionen Tonnen auf 45,9 Millionen Tonnen. Dafür stieg die Verwertungsquote im gleichen Zeitraum von 51% auf 91%.
Leider ist das eine Zahl, die täuscht. So wird schon als verwertet in die Quote eingerechnet, was in einer Sortieranlage landet. Ob es dann tatsächlich wiederverwertet wird, sagt diese Zahl aber nicht aus. Außerdem gilt als verwertet auch, was in der Müllverbrennung thermisch verwertet wird, also zur Strom- oder Wärmeerzeugung genutzt wird. Seit 2005 darf Müll nicht mehr auf Deponien gelagert werden. So ist ein Teil der Verbesserung der Verwertungsquote zu erklären, auch wenn das zu einer gewissen Täuschung führt, wenn man die Hintergründe nicht kennt.
Der über die Müllabfuhr eingesammelte Haushalts- und Sperrmüll sank in dieser Zeit um 15%. Das klingt zunächst durchaus positiv, zeigt aber auch, dass wir viel zu viel Verpackungsmüll produzieren, da diese Mengen stiegen und so den Anteil des Haushaltsmülls reduzieren, die absolute Menge aber nicht unbedingt.
Das Drittel unseres Müllaufkommens, das bei der Müllabfuhr landet, wird nicht stofflich verwertet, sondern über Verbrennungsanlagen für die Energie- und Wärmegewinnung genutzt. Natürlich ist das nicht gerade klimafreundlich.

Ein Drittel - was sagt uns das?
Mein Gefühl sagt mir dazu, dass es eine sehr große Menge ist, die wir da kontinuierlich wegschmeißen. Eine viel zu große Menge!
Sie entsteht durch unseren Konsum, unseren Wunsch nach immer neuen Produkten, deren Haltbarkeit oftmals sehr eingeschränkt ist. Egal – wegschmeißen und neu kaufen.
Egal? Nein! Dieser Müll verschwindet aus dem Nutzungskreislauf, daher ist es besonders wichtig, dass wir uns bei kaputten Dingen überlegen sollten, ob man sie reparieren kann. Oder ob jemand anderes sie noch gebrauchen könnte. Und auch beim Kauf sollte unser Gedanke sein: Brauche ich das wirklich? Werde ich es nicht doch bald wieder wegwerfen?
Ein weiterer wichtiger Punkt, wenn man dieses besagte Drittel unserer Müllmenge betrachtet, ist der Inhalt. Ich gehe davon aus, dass du weißt, was nicht in den Hausmüll darf, daher verweise ich an dieser Stelle nur auf die Mülltrennung im Kapitel „Umwelt-Tipps für den Alltag von A – Z".
Mit Inhalt mein ich aber auch die Dinge, die im Müll landen, weil es keinen besseren Platz gibt, sie aber verwertet werden könnten.
Es gibt, von wenigen Gemeinden abgesehen, bisher keine Wertstofftonnen, die sonstige Kunststoffe oder Metalle sammeln. Der Gelbe Sack ist ja nur für den Verpackungsmüll. Aber was ist, wenn mein Plastik-Gartenstuhl kaputtgeht? Der würde sich hervorragend verwerten lassen, wenn er denn entsprechend in den Recycling-Kreislauf gerät. Davon gibt es viele Beispiele und so ist

dringend eine entsprechende Vorgabe auf Bundesebene notwendig. Leider ist der Müll bisher ein Thema der Kreise und damit wird es vermutlich noch eine längere Zeit große regionale Unterschiede geben.
Bis es die Wertstofftonne gibt, kann es ja mal passieren, dass das eine oder andere Plastik- oder Metallteil doch im Gelben Sack landet. Das ist aus Sicht des Betreibers, Duales System Deutschland, vermutlich weniger gewünscht, da für das Recycling dieser Dinge nicht im Voraus bezahlt wurde. Aber die Umwelt dankt, denn so wird dieses Teil der Wiederverwertung zugeführt.

Wie du siehst, ist Müll ein spannendes Thema und wie eingangs schon erwähnt Eins, das uns alle angeht.
Was denkst du?
Oder praktizierst du schon Zero Waste – versuchst also gar keinen Müll zu produzieren? Dann ist natürlich der größte Teil dieses Kapitels für dich nicht relevant. Und dir gebührt großer Respekt – Chapeau! Auf diese Weise tust du für die Umwelt und die Erhaltung der Lebensbedingungen auf unserem Planeten sehr viel mehr als der allergrößte Teil der Menschen.

Müll ist nicht nur ein interessantes Thema, sondern auch ein sehr vielfältiges. Ich habe hier ein paar sehr wichtige Aspekte aufgeführt. Wenn du tiefer einsteigen möchtest, empfehle ich dir einen Beitrag auf der Seite des Deutschlandfunks (Anmerkungen und Quellen, 15.).

Es gibt sechs Rs, die uns beim Thema Müll helfen können. Die ersten drei kennst du vielleicht aus dem Lied von Jack Johnson, das auch genau so heißt. Auf Deutsch klappt es leider nicht ganz mit den Rs.

- Reduce – Reduzieren – wir benutzen und besitzen viel zu viel
- Reuse – Wiederverwenden – viele Dinge können mehrfach verwendet werden oder sogar für etwas Höherwertiges (Upcycling)
- Recycle – Recyceln – so bleibt das Rohmaterial im Verwertungskreislauf
- Refuse – Ablehnen – ein schönes Beispiel sind die Strohhalme, die einem aufgenötigt werden. Am besten gleich ohne bestellen
- Repair – Reparieren – viele Dinge lassen sich reparieren und sind dann noch mal sehr lange nutzbar
- Rot – Kompostieren – ohne Zweifel sinnvoll für alle organischen Abfälle und einige kompostierbare Materialien.

Mein Appell an dich, falls du wie ich noch relativ normal konsumierst: bitte mach dir Gedanken über deinen Konsum und den Müll, den du produzierst.

## Kaffee und Coffee-to-Go

Und was ist mit Tee? Wenn du Teetrinker bist, ist dieses Kapitel genauso interessant für dich, wie für die Kaffeetrinker.

Wir leben in einer Zeit, in der alles einfach und unmittelbar verfügbar sein soll. Das kann man gut oder schlecht finden. Nachdem ich das lange gut fand, sehe ich es jetzt zum Teil sehr bedenklich. Aber zumindest im Fall von Kaffee muss es das nicht sein.

Zunächst sollte man sich als Kaffeetrinker darüber bewusst sein, dass Kaffee ökologisch gesehen nicht unbedenklich ist. Es gibt schließlich eher wenige Kaffeeplantagen in Europa. Dazu sind die Arbeits-bedingungen für die Arbeiter oft miserabel, von Kinderarbeit mal ganz zu schweigen. Kauft man Fairtrade-Kaffee, ist zumindest sicher, dass die Bedingungen für die Kleinbauern gut sind. Laut Fairtrade Deutschland (Anmerkungen und Quellen, 16.) war der Marktanteil von Fairtrade-Kaffee in Deutschland 2016 bei 3,8% und hat einen Bio-Anteil von 74%. Beim Marktanteil können wir Kaffeetrinker sicher noch für deutliche Steigerungen sorgen. Besonders, wenn du auch ein Kaffee-Junkie bist, so wie ich.

Den auf keinen Fall ökologischen Transport von der Kaffeeplantage bis hin in meinen Kaffeebecher muss ich dabei wohl in Kauf nehmen. Dafür sollte ich mir einen Ausgleich suchen, um meine persönliche Ökobilanz zu

verbessern. Auf die werde ich in einem späteren Kapitel eingehen.
Aber es gibt beim Kaffee auch direkt die Möglichkeit, dafür zu sorgen, dass die Ökobilanz nicht noch schlechter wird. Wenn man den feinen Kaffee aus den Aluminiumkapseln trinkt, wird das allerdings schwierig.

Die schlimmste Umweltsünde beim Thema Kaffee ist aber der Coffee-to-Go. Zumindest, wenn er im Wegwerf-Becher eingenommen wird.
Wir schmissen 2016 in Deutschland pro Stunde 320.000 Einweg-Kaffeebecher in den Müll. Das sind 28 Milliarden im Jahr oder 40.000 Tonnen. Natürlich in den Restmüll, oder leider auch allzu oft in die Landschaft.
Was lässt uns vermuten, dass unser Streben nach Luxus – ja, Kaffee ist Luxus – uns berechtigt, den Planeten so zuzumüllen?
Mit ein bisschen Planung lässt es sich doch einrichten, dass man einen Becher dabeihat, den man sich befüllen lässt. Dann kann man die Einwegbecher für die ganz spontanen (Not-)Fälle hernehmen. Damit sollte sich das Müllaufkommen doch locker auf 10% des jetzigen Volumens drücken lassen.
Toll ist, dass in letzter Zeit in mehr und mehr Städten Pfandsysteme mit Mehrwegbechern für den Coffee-to-Go entstehen. Freiburg war eine der Ersten, viele weitere sind mittlerweile den guten Beispielen gefolgt. Wer es sich leicht machen will, benutzt eine App wie zum Beispiel „Recup“ (www.recup.de) und sucht darüber teilnehmende Shops. Genaugenommen ist Recup ein deutschlandweites Pfandsystem for To-Go-Becher.

Für die Sparfüchse: oft bekommt man einen Preisnachlass, wenn man sich den Kaffee in einen mitgebrachten Becher füllen lässt. Ein guter Anreiz!
Es gibt aber auch noch eine wertvolle Alternative, die nicht nur Müll einspart. Wie wäre es, sich öfter mal eine Viertelstunde zu gönnen und den Kaffee im Café sitzend zu genießen? Gönnt man sich das, tut man nicht nur der Umwelt einen Gefallen, sondern auch sich selbst!

Was ich als weiteres abschreckendes Beispiel nicht unerwähnt lassen möchte, sind die Einwegbecher in Firmenkantinen und Kommunikationsbereichen, die es in modernen Unternehmen gibt. Auch wenn solche Begegnungszonen eine gute Einrichtung sind, fehlt mir doch jegliches Verständnis für so ein mangelndes Bewusstsein für die dringende Nachhaltigkeit des Handelns. Leider habe ich das in einer solchen Zone eines Autobauers in Bayern gesehen. Eigentlich eine schöne Sache, aber von der Umsetzung her doch sehr abschreckend.
Da ist es dann wieder an jedem Nutzer, dieses durch das Mitbringen von Bechern zu umgehen. Aber als Besucher hat man keine Chance – außer dem Boykott. Schade!

Jetzt noch mal kurz zurück zu den Teetrinkern. Alles, was hier zum Kaffee geschrieben steht, lässt sich fast 1:1 auf Tee übertragen. Insofern bitte auch beim Tee entsprechend nachhaltig agieren.

## Plastik und das Meer

Diese zwei Begriffe sind leider sehr eng miteinander verbunden. Es wird vorausgesagt, dass 2050 mehr Plastik im Meer schwimmt, als es Fische geben wird. Grausame Vorstellung.
Und auch an Land: Plastik wohin man schaut.
Selbst, wenn ich in meinem beschaulichen Dorf zur Hunderunde starte, sehe ich auf den Wegen durch die Apfelplantagen immer wieder Müll, darunter viel Plastik.
Wie du zuvor schon lesen konntest, war ich auf Borneo. Auf der vorgelagerten Insel Pulau Manukan habe ich selbst erleben können, wie dramatisch die Verschmutzung der Meere ist. Kaum eine Sicht auf die Korallen unter Wasser, ohne irgendein Stück Müll im Blick zu haben. Am Strand lag ebenfalls viel herum. Darunter, zu Lande und zu Wasser, viele Strohhalme.
Leider hat das negative Erinnerungen hervorgerufen, habe ich doch in letzter Zeit viele wirklich grausame Bilder von Tieren gesehen, die unter unserem Zivilisationsmüll leiden mussten.
Schildkröten waren oft die Leidtragenden, es mussten ihnen Strohhalme aus der Nase operiert werden. Andere waren in die Plastikverpackung eines Dosen-Sixpack gewachsen und hatten einen stark deformierten Panzer. Viele Tiere verenden, weil sie den Magen voller Plastik haben – zum Beispiel, weil für eine Schildkröte eine schwebende Plastiktüte aussieht wie eine Qualle. Aber es betrifft auch Vögel, Fische und Wale.
Kritisch ist das Plastik im Meer aber auch, weil es die Korallen schädigt, die wiederum eine sehr wichtige Rolle

als Kinderstube für viele Fischarten hat. Dazu liefert das Meer rund 70% unseres Sauerstoffs, also sogar mehr als die Wälder. Und daran haben die Korallen einen wichtigen Anteil.
Wir gefährden die Quelle unseres eigenen Lebens.

Das passiert, weil jemand acht- und respektlos seinen Abfall einfach ins Meer oder sonst wohin schmeißt.
Ist das wirklich so? Ein großer Teil des Plastiks im Meer wird über die Flüsse eingeleitet.
Einer Studie zufolge (siehe Anmerkungen und Quellen, 17.) sind von den 10 Flüssen, die die größten Mengen Plastik ins Meer transportieren, acht in Asien, einer in Afrika und einer in Südamerika.
An der Spitze dieser Negativ-Charts steht der Jangtse in China.
Diese Bösen, denkt man da leicht. Aber so leicht ist es nicht, denn da ist vermutlich auch Plastik von uns aus Europa dabei. Nach wie vor wird viel Müll exportiert, auch Plastik. Besonders nach China.
Da braucht es dann nur noch einen ordentlichen Windstoß auf dem Müllberg und das leichte Material macht sich auf und davon.
Zu Beginn des Jahres 2018 hat China allerdings einen Einreise-Stopp für Müll erlassen. Das wird die EU und Deutschland hart treffen, haben wir doch unseren Müll so gern dorthin auf Reisen geschickt. Allein die Bundesrepublik exportiert über 1,5 Millionen Tonnen, mehr als die Hälfte der Gesamtmenge, an Kunststoff-Abfällen nach China (Süddeutsche Zeitung: China hat genug von Europas Müll, Quellen und Anmerkungen, 18.).

Man darf gespannt sein, ob sich dafür schnell eine gute Lösung findet und man nicht zur einfachsten und schlechtesten Verwertung greift: der thermischen Verwertung in der Verbrennungsanlage. Es gibt aber auch anderen Länder, die sich unseres Mülls annehmen und wo oft unter erbärmlichen Bedingungen sortiert und verwertet wird. Oder er wird einfach in den Urwald gekippt, wie zum Teil in Malaysia oder Vietnam üblich. Kein schöner Gedanke, was unser Wohlstand da für ein Leid erzeugt.

Was können wir tun?
Zum einen gibt es ein vielversprechendes Projekt, um die Ozeane vom Müll zu befreien: „The Ocean Cleanup" (Anmerkungen und Quellen, 19), was auf Deutsch Meeressäuberung bedeutet. Plan ist, 2018 mit einem von 5 großen Müllteppichen in unseren Ozeanen zu beginnen. Dieser liegt im Pazifik zwischen Kalifornien und Hawaii und wird „Great Pacific Ocean Garbage Patch" genannt. Zur Größe gibt es unterschiedliche Angaben, oft wird sie mit der Größe Westeuropas verglichen. Es ist also eine gigantische Fläche. Innerhalb von 5 Jahren sollen mit dem Projekt 50% des Unrats aus dem Wasser gefischt werden. Ziel dieses von einem Niederländer gestarteten Projekts ist, die Ozeane bis 2050 plastikfrei zu haben.
Großartige Sache, hoffentlich ist das Projekt erfolgreich, denn von alleine verschwindet das Zeug ja nicht wieder aus den Gewässern. Es dauert leider sehr lange, bis es verrottet (Plastiktüte: 10-20 Jahre, Styroporbecher: 50 Jahre, Wegwerfwindeln und Plastikflaschen: 450 Jahre).

Zum anderen ist es natürlich sinnvoll und wichtig, das Problem an der Wurzel zu packen und dafür zu sorgen, dass viel weniger Kunststoffe verwendet werden. Besonders die, die nur für ein kurzes Leben gedacht sind: die Verpackungen und alle anderen Plastikvarianten für den einmaligen Gebrauch.
Warum gibt es überhaupt so viel Plastik? Wo doch vieles davon völlig unnötig ist?
Denk allein mal an das viele Obst und Gemüse, dass in Folie verpackt ist. Schizophrener weise oft die Bio-Ware. Zum Glück gehen mehr und mehr Supermärkte, sogar Discounter, dazu über, unverpacktes Obst und Gemüse anzubieten. Leider oft die Nicht-Bio-Ware, aber es ist trotzdem ein positiver Schritt und es liegt in unserer aller Macht, das zu unterstützen und nur noch zur unverpackten Ware zu greifen. Dann verschwindet der Rest mehr oder weniger von selbst. Hier zeigt sich, dass die Anbieter sehr wohl auf das reagieren, was die Kunden fordern.

Wem das nicht reicht, für den sind die Unverpackt-Läden eine gute Möglichkeit, sehr viel Verpackungsmüll einzusparen. Ich habe selbst leider Keinen in unmittelbarer Nähe, zumindest noch nicht. Aber der Wochenmarkt zählt im Grunde ja auch dazu, und wer hat den nicht in Reichweite?
Allerdings ist es nicht nur bei Obst und Gemüse ein Problem. Es gibt viele Beispiele, in denen völlig unnötig Plastik verwendet wird. Oder hält es wirklich jemand für sinnvoll, dass Antikalk-Tabs zum Waschen einzeln in Plastik eingepackt sind? Ich auf jeden Fall nicht. Aber auch hier gibt es Alternativen. So gibt es immer noch die

Pulverform. Natürlich muss man in dem Fall selbst abmessen, kann dann aber auch auf die tatsächliche Wasserhärte abgestimmt dosieren. Dieser kleine Zeiteinsatz sollte uns der Umweltschutz schon wert sein.

Es sieht so aus, als wäre viel unserer Bequemlichkeit geschuldet. Dazu kommt, dass die Hersteller und Verkäufer Plastik und Verpackungen insgesamt als Mittel zur Aufwertung ihrer Produkte nutzen. Letztlich ist es nur optisches Blendwerk, meistens ohne tatsächlichen Mehrwert für den Verbraucher. Die negativen Folgen: wir zahlen mehr als nötig für das Produkt und produzieren unnötigen Verpackungsmüll.
Ein unrühmliches Beispiel sind Wurst- und Käseverpackungen mit den transparenten Folien-Deckeln. Diese bestehen aus bis zu 5 Schichten verschiedener Materialien. Sie sind, selbst ordnungsgemäß im Gelben Sack entsorgt, nicht recycelbar. Daher werden sie aussortiert und landen in der Verbrennung. Wenn man den Deckel vom Unterteil trennt, kann zumindest das recycelt werden. Gleiches gilt auch für Joghurtbecher und ähnliches mit dem dazugehörigen Aludeckel. Nur getrennt sind sie verwertbar.
Noch besser ist es natürlich, so eingepackte Lebensmittel gar nicht erst zu kaufen.

Die Informationspolitik seitens der Industrie, aber auch der öffentlichen Stellen, ist beim Thema Müll und Recycling mehr als dürftig. So kommt es dann, dass wir denken, wir machten alles richtig; es ist aber leider eher das Gegenteil der Fall. Seit Einführung von Pfand auf

Einweg-Getränkeflaschen werden 98,5% dieser wieder zurück zu den Märkten gebracht. Klingt nach einem Erfolgsmodell. Leider werden aber nur 30% davon zu neuen Flaschen verarbeitet. Würde man den Anteil erhöhen, wären die Behälter nicht mehr schön transparent, sondern gräulich trüb. Das will dann auch niemand. So landen viele Flaschen zur „Weiterverarbeitung" dann doch im Ausland. Und vielleicht im Meer? Siehe oben. Oder werden zum Beispiel zu Fleece-Kleidung verarbeitet und rufen als solche später ganz spezielle Probleme hervor. Aber dazu mehr im nächsten Kapitel.

In der Plastik – Diskussion taucht immer öfter der Begriff der „biologisch abbaubaren Kunststoffe" auf, der erstmal selbsterklärend ist. Von Besteck bis hin zu den Borsten der Zahnbürsten. Viele Informationen erhält man allerdings nicht darüber.

Ich sehe das nicht so positiv, wie es teilweise angepriesen wird, da auch diese einige Monate brauchen, bis sie verrottet sind. Im Biomüll will sie bisher auch kein Entsorger haben, vermutlich, weil sie sich vom herkömmlichen Plastik nicht unterscheiden lassen. Die Lösung kann nur sein, dass wir die Nutzung von Plastik in der Einmalverwendung deutlich reduzieren und gleichzeitig das Recycling verbessern, damit das Plastik, auf das wir nicht verzichten können, wieder in den Kreislauf zurückkommt.

Prinzipiell ist der Ersatz herkömmlicher Kunststoffe durch die biologisch Abbaubaren sicher interessant, wenn das Thema wohl auch noch weiter untersucht

werden muss. Kunststoff aus Hanf hat in der Wachstumsphase $CO_2$ aus der Luft gebunden, was schon mal sehr positiv wäre. Wie sieht es aber mit der Gefahr von Monokulturen aus? Oder der Nutzung von Ackerflächen, auf denen man ansonsten Lebensmittel anbauen könnte? Es gibt schließlich hungernde Menschen auf der Welt. Ein komplexes Thema, zu dem wir in der Zukunft sicher noch einiges hören werden.
Das Fazit zum Thema Plastik kann nur sein, neben der Reduktion der Nutzung, dass wir so oft es nur geht unsere Macht als Verbraucher nutzen, indem wir die Produkte boykottieren, die völlig unnötig in Plastik verpackt sind. Die Hersteller werden mit Sicherheit darauf reagieren.

Einige Anregungen zum Einsparen von Plastik und Müll insgesamt:

- Keine Strohhalme benutzen und beim Bestellen von Drinks diese gezielt abbestellen, wenn sie aus Plastik sind
- Unterwegs eine wiederverwendbare Glas- oder Edelstahlflasche dabeihaben und mit Leitungswasser wieder auffüllen, wenn dieses trinkbar ist. Ansonsten findet man oft Wasserstationen, an denen man seine Flaschen kostenlos mit gefiltertem Wasser füllen kann
- Coffee-to-go: wie schon im vorigen Kapitel erwähnt, kann man einen Becher mitbringen, den man sich dann füllen lässt. Oft gibt es dafür sogar einen Preisnachlass

- Einkaufstaschen oder Körbe zum Einkaufen mitnehmen, so dass keine Einmal-Plastiktüten benutzt werden müssen
- Verpackung von Lebensmitteln: meistens gibt es unverpackte Alternativen. Besonders bei Obst und Gemüse. Und auch an der Fleisch- und Käsetheke kann man sich oft die Waren in mitgebrachte Behälter, ohne weitere Verpackung, einpacken lassen.
- Eis im Becher zum Mitnehmen? Warum nicht einen mitgebrachten Löffel benutzen? Wieder ein Stück Plastik weniger!
- Picknick im Park? Die Umwelt genießt dieses Event, wenn du Besteck und Geschirr verwendest, das danach nicht in den Müll muss. Ähnlich sieht es auf Reisen aus.
- Wasser aus der Leitung trinken und sonstige Getränke in Mehrwegflaschen kaufen. Keine Einweg-Pfandflaschen benutzen. Manches kann man auch verpackungsfrei selbst machen, das gilt für erfrischende Sommerlimo wie auch für den Hafer- oder Mandeldrink.

# Mikroplastik

Wie der Name schon sagt, geht es um die Minivariante des im vorigen Kapitel schon reichlich beschriebenen Problems. Leider macht es das überhaupt nicht zu einem Mini-Problem. Es ist eher umgekehrt. Während man größere Teile, wie im letzten Kapitel beschrieben, relativ gut einsammeln kann, sogar aus dem Meer, ist es bei den mikroskopisch kleinen Partikeln und Fasern bedeutend schwieriger, wenn nicht unmöglich.
Mir war das bis vor einem Jahr überhaupt nicht bewusst. 2013 hatte ich das große Glück, Walhaie beim Schnorcheln vor Mosambik aus nächster Nähe zu erleben. Ich war fasziniert von ihrer Größe, aber auch von der Eleganz, mit der sie durchs Wasser ziehen. Dabei haben sie oft ihr riesiges Maul weit geöffnet. Sie leben davon, Plankton aus dem Wasser zu filtern.

Heute denke ich, wenn ich an das Erlebnis zurückdenke, dass da nicht nur Plankton im Maul und Verdauungstrakt landen, sondern eben auch kleinste Plastikteilchen.
Die „Marine Megafauna Foundation“ (siehe Anmerkungen und Quellen, 20), die mir freundlicherweise dieses Bild zur Verfügung gestellt hat, untersucht in einem Projekt in Indonesien die möglichen Auswirkungen von Mikroplastik auf Tiere, die sich durch Filtrieren ernähren. Das sind zum Beispiel Walhaie, aber auch Mantarochen. In Tofo, Mosambik, erklären die Stiftungsmitarbeiter in pädagogischen Projekten, welche Auswirkungen Plastik auf die Umwelt hat.

Aber was genau ist Mikroplastik?
Das sagt das Umweltbundesamt (siehe Anmerkungen und Quellen, 21): *„Als Mikroplastik werden Plastikstücke bezeichnet, welche kleiner als 5 mm sind. Sie sind also mit dem bloßen Auge schwer zu erkennen. Es gibt zwei Sorten von Mikroplastik. Zu sogenanntem primären Mikroplastik gehören Basispellets, die das Grundmaterial für die Plastikproduktion darstellen; Granulate in Kosmetik und Hygieneprodukten, wie Peelings, Zahnpasta, Handwaschmittel; mikroskopische Partikel, die in Reinigungsstrahlern, zum Beispiel auf Werften eingesetzt werden oder in der Medizin als Vektor für Wirkstoffe von Arzneien Anwendung finden sowie Fasern. Bis zu 2.000 Kunstfasern aus Fleece-Kleidungsstücken, einem Velourstoff, der meist aus Polyester oder Polyacryl besteht, gelangen pro Waschgang über Fließgewässer in die Meeresumwelt, da sie von den Klärwerken nicht zurückgehalten werden können. Geht ein Transportcontainer mit*

*Industriepellets aus Kunststoff zur späteren Weiterverarbeitung auf See verloren, gelangen 50 Milliarden Pellets ins Meer und sind an den Stränden von Sandkörnern kaum unterscheidbar. Sekundäres Mikroplastik entsteht durch physikalische, biologische und chemische Degradation von Makroplastikteilen.“*

Die größten Quellen für primäres Mikroplastik:
35% synthetische Textilien, 28% Reifenabrieb, 24% Stadtstaub, 7% Fahrbahnmarkierungen, 3,7% Schiffsanstrich, 2% Körperpflegeprodukte. Die Kosmetik stellt keinen entscheidenden Anteil, aber vielleicht den unnötigsten und am leichtesten zu vermeidenden Beitrag.

Viel "normales" Plastik landet im Meer, selbst von uns Deutschen, den Recyclingweltmeistern. Das ist mittlerweile Allgemeinwissen. Leider sind genau diese Unmengen die Quelle für das sekundäre Mikroplastik, das durch UV-Strahlung und Salz in immer kleinere Stücke zersetzt wird.
Es lässt sich unschwer erkennen, dass diese Minipartikel ein großes Problem darstellen.
Wir sollten also in unserem eigenen Interesse etwas dagegen tun!
In unserem eigenen Interesse? Ja! Selbst demjenigen, dem die Umwelt egal ist, wird vielleicht nicht egal sein, dass er die Partikel selbst über die Nahrung, z.B. bei Meerestieren, aber auch über das Trinkwasser aufnimmt. Unweigerlich landet dieses Problem über die Nahrungskette auf unseren Tellern.

Erschwert wird es dadurch, dass die Plastikteilchen im Wasser Schadstoffe anziehen, so dass das Plastik dann eine deutlich höhere Verunreinigung aufweist, als das Meerwasser, in dem es schwimmt. So landet dann nicht nur das Plastik auf unseren Tellern. Aber primär sind natürlich die Lebewesen betroffen, die die Partikel direkt aufnehmen.

Hier mehr ins Detail zu gehen macht im Grunde keinen Sinn, da es laufend neue Untersuchungen und damit Schreckensnachrichten darüber gibt, wo überall Mikroplastik nachgewiesen wird.

Interessanterweise ist das Thema ja offensichtlich in Regierungskreisen bekannt, siehe oben. Aber eine gesetzliche Regelung zur Kennzeichnung von Mikroplastik als Inhaltsstoff lässt bisher genauso auf sich warten wie weitreichende Verbote. Da sind andere Länder schon schneller.

Wie so oft liegt es also mal wieder an uns, den Verbrauchern, die Hersteller zu erziehen.

So gibt es viele Hersteller von Naturkosmetika und Hygieneartikeln, die komplett auf die Verwendung von mineralölbasierenden Zutaten verzichten. Somit auch auf Mikroplastik. Die Kosten dafür sind bei einigen Anbietern nicht höher als gängige Markenprodukte mit mineralölhaltigen Inhalten.

Eine gute Übersicht über Produkte, die Mikroplastik enthalten und weitere Hintergrundinformationen findest du sehr leicht im Internet. Eine davon bietet der BUND (Anmerkungen und Quellen, 22).

Zur zweiten Sorte Mikroplastik, den Fasern, gibt es gegenüber der Definition des Umweltbundesamtes nicht viel hinzuzufügen. Ich finde dieses Beispiel auf erschreckende Weise beeindruckend. Fleece-Kleidung mag besonders schlimm sein, aber jedes Kleidungsstück aus Kunstfasern, egal ob ein billiger Polyester-Pulli oder ein High-Tech Laufshirt oder andere Funktionskleidung, sie alle sondern mehr oder weniger dieser Fasern ab. Hier wäre dringend eine Technik gefragt, die schon in den Waschmaschinen über geeignete Filter verhindert, dass die Fasern in den Abwasserkreislauf und damit ins Meer gelangen.

Was also tun? Zum einen sollten wir Kleidung aus Naturfasern, zum Beispiel Baumwolle, bevorzugen. Zum anderen überlegen, ob ein Kleidungsstück wirklich schon in die Wäsche muss. Bei Sportkleidung ist das aber zuweilen ein wahrhaftig anrüchiger Tipp.
Da wäre das Waschnetz, das die Fasern auffängt, da es sehr feinmaschig ist, wohl doch die nasenfreundlichere Variante!

## Renato Pichler – Gedanken zum Veganismus

Renato ist Präsident und eines der Gründungsmitglieder von Swissveg. Seit 1993 ist er hauptberuflich für den Verein tätig, pflegt internationale Kooperationen und koordiniert das V-Label, das er 1997 ins Leben rief, in ganz Europa. Er ist Experte für alle Fragen zur pflanzenbasierten Ernährung und hat sein Wissen auch in einem Buch veröffentlicht: „Veganize your Life".
Swissveg ist die größte Interessenvertretung vegetarisch und vegan lebender Menschen in der Schweiz. Seit 1993 setzt sich die politisch und konfessionell unabhängige Organisation dafür ein, den Fleischkonsum dauerhaft zu senken und ist für Experten und Verbraucher die führende Anlaufstelle in allen Fragen des vegetarisch-veganen Lebens.
Mehr Informationen zu Renato und Swissveg findest du auf der Webseite von Swissveg (Anmerkungen und Quellen, 23.).

*Renato, du bist Veganer. Seit wann? Und was hat dich dazu bewegt, komplett auf tierische Erzeugnisse zu verzichten?*

Seit 1993. Ich möchte keine Tierquälerei unterstützen. Ich sehe die Tiere als Mitgeschöpfe und nicht als Nahrungsmittel. Da ich mit meinem Geld keine Schlachthöfe unterstützen möchte, war die logische Konsequenz mit meinem Geld beim Einkauf von Lebensmitteln diese auch nicht mehr zu unterstützen. Als ich mich in den 90er Jahren über die Eier- und Milchproduktion näher informierte, musste ich feststellen, dass auch diese direkt mit dem Töten und Ausbeuten von Tieren zusammenhängen. Deshalb kam auch der Konsum dieser Produkte nicht mehr in Frage.

*Wie lange hat es gedauert, vom ersten Gedanken an vegane Ernährung bis zur kompletten Umsetzung? Und gibt oder gab es etwas, das dir besonders fehlt?*

Damals gab es noch kaum Informationen dazu. Auch die Auswahl an speziellen Lebensmitteln und das Angebot in Restaurants war sehr klein. Ich habe deshalb laufend meinen Konsum an tierischen Produkten reduziert und immer weniger "Ausnahmen" gemacht. Je mehr ich über die Produktionsmethoden bestimmter Nahrungsmittel erfahren habe, desto weniger konsumierte ich diese.

Mir fehlt heute kein bestimmtes Nahrungsmittel. Allerdings ist es leider noch immer so, dass Auswärtsessen nicht überall einfach ist. Dort fehlt leider noch oft ein gutes veganes Angebot. Aber auch dies wird immer besser. Mittlerweile kenne ich natürlich an vielen Orten die Restaurants, die ein gutes veganes Angebot führen. Außerdem gibt es ja auch Listen von solchen Restaurants, zum Beispiel auf unserer Webseite

*Verzichtest du komplett auf tierische Produkte, also zum Beispiel auch Leder in Schuhen?*

Ja. So weit als möglich vermeide ich tierische Produkte in allen Lebensbereichen.

*Hast du Fleischesser in der Familie und im Freundeskreis? Ist das ein Konfliktthema?*

Ja, es gibt ein paar. Da ich mich aber schon seit 25 Jahren hauptberuflich für die vegane Lebensweise einsetze, ist es heute kaum noch ein Konfliktthema. Meine Freunde und Verwandten haben es akzeptiert.

*Du bist recht aktiv auf Facebook und hast viele Follower und somit wohl auch einen gewissen Einfluss. Wie sieht für dich die ideale Ernährung der Menschen aus?*

Das kommt auf die Definition von "ideal" an. Rein gesundheitlich? Sozial? In unserer Gesellschaft umsetzbar?

Klar ist, dass eine solche vegan sein muss. Zusätzlich sollte sie einen hohen Rohkostanteil haben und möglichst vollwertig sein.

*Ist es für dich akzeptabel, wenn jemand zunächst mal seinen Fleischkonsum einschränkt oder „nur“ vegetarisch lebt?*

Jeder Schritt in die richtige Richtung ist gut. Gleichzeitig sollte man sich aber immer bewusst sein, dass man stets Potential hat sich weiter zu entwickeln.

Als problematisch sehe ich es nur an, wenn jemand von sich glaubt, kein Verbesserungspotential mehr zu haben.

*Wie ist es für dich in Bezug auf Mängel durch die vegane Ernährung? Musst du mit Nahrungsergänzungsmitteln für Ausgleich sorgen?*

Mängel gibt es viel mehr mit der üblichen Ernährung, die hauptsächlich auf tierische Produkte aufbaut. Denn da

sind z.B. keinerlei Faserstoffe enthalten, nur geringe Mengen an Folsäure (Folat), auch Vitamin C nur in minimalen und völlig ungenügenden Mengen. Auch andere Vitamine kommen hier zu kurz.
Bei der veganen Ernährung reduziert sich das ganze Problem auf das Vitamin B12, da wir heute in solch hoch reiner Umgebung leben, dass in der Nahrung die Bakterien fehlen, die dieses Vitamin erzeugen. Den sogenannten „Nutztieren" wird deshalb dieses Vitamin mit dem Futter verabreicht, Veganer müssen dieses direkt – ohne Umweg über das Tier – einnehmen. Viele weitere Informationen dazu, gerade auch zu den Mangelerscheinungen, gibt es auf unserer Webseite (Link in Anmerkungen und Quellen, 23.).

*Wie stehst du zu Superfood wie Avocado, Chia oder Quinoa?*

Sie sind für eine gesunde, pflanzliche Ernährung nicht nötig. Für Fleischesser, die sich hauptsächlich von ungesunden tierischen Produkten ernähren, können solche rein pflanzlichen Produkte natürlich einen gesundheitlichen Vorteil bringen. Bei einer veganen Ernährung sind sie jedoch nicht notwendig. Als Abwechslung kann man solche Produkte aber natürlich dennoch konsumieren, wenn man möchte.

*Es gibt Untersuchungen, die zeigen, dass der weltweite steigende Fleischkonsum schlimmere Auswirkungen auf das Klima hat, als zum Beispiel der Verkehr. Was sind deine Gedanken dazu?*

An diesem Beispiel sieht man wie stark das Problem der falschen Ernährung verdrängt wird. Es gibt kaum einen Lebensbereich, bei dem die vegane Ernährung nicht große Vorteile gegenüber der heute üblichen fleisch- und milchlastigen Ernährung hat. Dennoch wird vegan noch immer als "extrem" angesehen.
Für mich ist es extrem, wenn man aus Genussgründen oder Bequemlichkeit bereit ist, unseren Planeten zu zerstören, Tiere zu quälen und zu töten und die eigene Gesundheit zu ruinieren.

*Viele haben Schwierigkeiten, ihre Gewohnheiten zu überwinden, um positive Veränderungen für sich und ihre Umwelt zu erreichen. Das kann bei der Ernährung sein, aber auch sonst im alltäglichen Leben. Was denkst du, woran das liegt und wie wir das überwinden können?*

Wichtig ist, dass die Menschen wieder lernen, Eigenverantwortung für ihr Handeln zu übernehmen. Denn diese haben sie immer, egal, ob sie sich das eingestehen oder nicht. Wer Fleisch isst, ist dafür verantwortlich, dass ein Tier zu diesem Zweck getötet wurde. Leider wird die Eigenverantwortung jedoch in unserer Gesellschaft als etwas Negatives angesehen und so weit als möglich abgelehnt. Schon wenn man sagt, dass man für die eigene Gesundheit verantwortlich ist, kann es Probleme geben. Lieber geben die Menschen diese Verantwortung einem Arzt ab. Jedoch kann der Arzt diese gar nicht übernehmen, er kann bestenfalls eine Unterstützung bieten. Er kann aber nicht an Stelle des Patienten krank werden oder sterben. Die Folgen des eigenen Handelns müssen wir immer selbst tragen.

In der heutigen Zeit kann man noch nicht einmal sagen: „Ich habe von nichts gewusst". Immer wieder sieht man Bilder aus Schlachthöfen, Tiertransporten und ähnliches. Jeder, der tierische Produkte kauft, finanziert diese Praktiken ganz direkt. Es bringt auch da nichts, wenn man die Verantwortung an die Bauern, Metzger oder Politiker abwälzen will.
Es gibt natürlich viele Problembereiche, wo man alleine nicht so viel tun kann. Eine nachhaltige, tier- und umweltfreundliche Ernährung kann jedoch jeder sofort umsetzen: Es ist nicht kostenintensiv, braucht kaum spezielle Kenntnisse (falls man sich unsicher fühlt, kann man sich an Swissveg oder Proveg etc. wenden) und hat Einfluss auf viele Problembereiche gleichzeitig. Deshalb sehe ich darin einen guten Einstieg in eine nachhaltige, verantwortungsbewusste, friedvolle Lebensweise.

*Lieber Renato, vielen Dank für das Interview und deine Antworten zu diesem wichtigen Thema. Deine Erklärungen ermutigen, sich der pflanzenbasierten Ernährung mit weniger Hemmungen zu nähern. In den folgenden Kapiteln gibt es weitere wichtige Hintergrundinformationen zum Einfluss unserer Ernährung auf die Umwelt.*

## Fleisch macht hungrig!

Mit der Mehrheit der Menschen würde so ein Dialog wie das folgende, fiktive Gespräch zwischen Markus und Bettina verlaufen.

*Bettina:*

*Ich würde gerne mit dir über das Thema Fleisch reden. Isst du gerne Fleisch?*

Markus:

Ja, Fleisch ist lecker!

*Wie oft isst du Fleisch?*

Schon täglich, manchmal sogar mehrmals täglich, wenn ich die Wurst zum Frühstück mitzähle.

Ich bin nicht besonders kreativ beim Kochen und die meisten Gerichte, die ich kochen kann, sind mit Fleisch. So habe ich es auch von meiner Mutter gelernt.

*Hast du dir nie Gedanken darüber gemacht, dass so viel Fleisch weder für dich noch für die Umwelt gut ist?*

Wieso das denn? Fleisch ist doch gesund, es hat viel Eisen und Eiweiß und wenig Kohlenhydrate. Dazu hat Geflügel sehr wenig Fett.

*Die neusten Studien sagen eher, dass übermäßiger Fleischkonsum für den Körper gar nicht gesund ist. Aber lass uns mal über die Herkunft des Fleisches und die Umweltaspekte sprechen.*

Okay, aber was hat das denn mit der Umwelt zu tun?

*Sehr viel mehr, als man sich im ersten Moment vorstellt.*

*Du hast ja vielleicht schon davon gehört, dass die Tiere sehr leiden, weil sie unter ganz üblen Bedingungen so schnell wie möglich gemästet werden. Dazu kommt, dass ihr Futter und ihre Ausscheidungen die Umwelt sehr stark belasten.*

Das Futter? Wieso das denn?

*Das Futter für die Massentierhaltung wird zum größten Teil möglichst billig in der Ferne, zum Beispiel in Südamerika produziert. Um Flächen für den Anbau zu schaffen, werden oft riesige Teile der Regenwälder abgeholzt. Das Futter, oft Soja oder Mais, wird dann mit Frachtschiffen nach Europa gebracht. Diese Schiffe fahren mit Schweröl und sind ebenfalls sehr umweltschädigend. Leider kommt noch hinzu, dass dieses Futter oft mit Gentechnik produziert wird, die dann über das Fleisch auch auf deinem Teller landet.*

Ich kaufe Fleisch und Wurst immer beim Metzger bei uns im Dorf und der bekommt sein Fleisch vom Bauern aus dem Nachbardorf. Das ist nicht aus der Massentierhaltung.

*Das ist gut und deutlich besser, als würdest du es im Supermarkt kaufen. Ist das Fleisch denn von einem Biobauern? Weißt du genaueres über die Haltung oder wie sie gemästet werden?*

Bio ist es nicht, das wäre mir zu teuer. Und über die Haltung und Fütterung weiß ich keine Details.

Fleisch macht hungrig!
Ein paar Aspekte kommen in dem Dialog schon zum Vorschein. 82% der hungernden Kinder auf dieser Welt leben in Ländern, die Nahrung für die Tiermast anbauen. Das Fleisch landet dann auf den Tellern der reichen Länder. Wenn man bedenkt, dass 2,6kg Getreide und 15.000 Liter Wasser notwendig sind, um 1kg Rindfleisch zu erzeugen, dann wird schnell klar, dass man damit im Kampf gegen den Hunger auf der Welt Sinnvolleres anstellen kann. Die Angaben zu den benötigten Ressourcen schwanken sehr stark, manche Quellen geben 16kg Getreide pro Kilo Rindfleisch an. Ich beziehe mich hier auf eine Veröffentlichung der Albert Schweitzer Stiftung (Anmerkungen und Quellen, 24).
Selbst wenn dein Fleisch vom Bauern in deiner Nähe ist und dieser das Futter lokal anbaut, so bleibt es dennoch beim obigen Verhältnis.
Eine andere, und ebenfalls eindrucksvolle Sichtweise ist, dass 77 Prozent des weltweiten Agrarlandes für die Tierhaltung und -fütterung verwendet werden, aber nur 17 Prozent des Kalorienbedarfs der Menschheit durch Tiere abgedeckt wird (Fleischatlas 2018, Anmerkungen und Quellen, 25. Hier findest du noch viele weiter-gehende Informationen zum Thema Fleisch.)
Eine noch aktuellere Studie aus Oxford besagt, dass sogar 83% aller landwirtschaftlichen Flächen für die Fleisch- und Milcherzeugung genutzt werden, während 18% aller Kalorien und 37% aller Proteine damit geliefert werden.
Angesichts dieser Zahlen, einer wachsenden Weltbevölkerung und des Klimawandels ist unser Hunger auf

Fleisch und Milchprodukte in der heutigen Form nicht mehr zu verantworten.
Gerne hätte ich hier genaue Zahlen der Auswirkungen des Fleischverzehrs auf den Klimawandel gezeigt. Aber bedauerlicherweise habe ich keine verlässlichen Daten gefunden. Allerdings kann man mit einiger Sicherheit davon ausgehen, dass der Einfluss weltweit ähnlich groß oder sogar größer ist, als der des Verkehrs.
Das klingt im ersten Moment absurd, doch geben die Wiederkäuer wie Rinder und Schafe Unmengen an Methan ab. Dessen Effekt als Klimagas ist schlimmer als der von CO2. Dazu kommt, dass durch den intensiven Einsatz von Düngemitteln für den Futteranbau sehr viel Lachgas (Distickstoffmonoxid) freigesetzt wird, neben der ganzen Chemie, die dafür produziert und transportiert wird.
Ebenfalls zu berücksichtigen ist, dass für die Schaffung von Weide- und Anbauflächen große Waldflächen gerodet werden. Sehr oft geschieht das durch Brandrodung, was zusätzliches CO2 freisetzt. Und die Bäume stehen anschließend nicht mehr als Klimaretter zur Verfügung, die CO2 in Sauerstoff umwandeln. Ein großer Teil der gerodeten Flächen sind Regenwälder. All das hat einen eklatanten Anteil am Klimawandel und der Dezimierung der Artenvielfalt, primär in den betroffenen Regionen, aber auch global, bis hin zum Eisbären im hohen Norden.

Wenn wir uns alle vegan ernährten oder zumindest unseren Fleischkonsum drastisch reduzierten, würde ein sehr großer Beitrag zum Klimaschutz geleistet.

Da sei der Gedanke gestattet, warum es Verbote oder starke Regulierengen für Autos und den Verkehr gibt, aber für die Erzeugung unserer Nahrung nicht. Sicher keine leicht zu beantwortende Fragestellung, aber dennoch eine, über die man nachdenken sollte.

Frauen schützen die Umwelt durch ihre Ernährung übrigens besser als Männer. Laut einer Veröffentlichung der Martin-Luther-Universität Halle Wittenberg könnte eine Fläche von ca. 15.000 $km^2$ im In- und Ausland freiwerden und ca. 15 Millionen Tonnen Treibhausgase und 60.000 Tonnen Ammoniak (Gülle) weniger freigesetzt werden, wenn Männer in Deutschland ihre Essgewohnheiten an die der Frauen anpassten (weniger Fleisch, dafür mehr Obst und Gemüse) (Anmerkungen und Quellen, 26).
Also Männer, lasst uns öfter mal auf die Teller der Frauen schauen. Da ist Abgucken erlaubt, es täte uns allen gut!

## Massentierhaltung zu Lande und im Wasser

Es gibt noch einiges mehr, was gegen den Fleischkonsum spricht, besonders, wenn das Fleisch der Massentierhaltung entstammt. Dabei sind die Haltungsbedingungen katastrophal. Die Tiere haben viel zu wenig Platz und stehen oder liegen in ihrem eigenen Dreck. Ihnen wird ohne Betäubung der Schwanz, die Hörner oder der Schnabel abgeschnitten oder gekürzt. Aufgrund der Zustände sind sie krankheitsanfällig und werden sehr oft mit Antibiotika behandelt, deren Rückstände auf unseren Tellern landen, oder im Grundwasser und den Flüssen. Durch die Ausbringung der Gülle als „natürlichem" Dünger auf die Felder werden diese Rückstände zusammen mit Nitraten und Phosphaten als Belastung für die Natur verteilt und gelangen sogar ins Trinkwasser. Dieses muss dann durch aufwendige und teure Verfahren gefiltert werden, bevor es tatsächlich als Trinkwasser ins Netz eingespeist werden kann.
Gülle entsteht leider reichlich beim Heranwachsen der Schnitzel. So sind es beispielsweise für 400 Gramm Schweinefleisch fast 10 Liter, die irgendwo hinmüssen. Da dürfte die Verwertung im Biomasse-Kraftwerk noch die sinnvollste Alternative sein.

Das Futter für die Tiermast kommt oft aus dem Ausland und wird teilweise mit Einsatz von Gentechnik, Pestiziden und Herbiziden hergestellt. Auf langen Transportwegen gelangt es dann in die Mastbetriebe in Europa. So ist dann auch unser Fleisch mitschuldig daran, dass Menschen in Südamerika erkranken aufgrund fehlender Schutzvorrichtungen beim Einsatz von Chemie im Futteranbau. Und wenn wir ausländisches Fleisch verzehren, wissen wir noch weniger über die Zustände bei der Erzeugung. So ist die Stopfmast von Geflügel in einigen Ländern immer noch erlaubt. Oder auch das Töten männlicher Kälber, wenn sie einer Milchkuh-Rasse entstammen und entsprechend wenig lukrativ sind bei der Fleischproduktion.

Ich weiß nicht, wie es dir geht. Aber wenn ich mir die Fakten durch den Kopf gehen lasse, wird mir sehr deutlich, dass eine fleischlose Ernährung ein großer Beitrag zum Umweltschutz ist. Zum Tierschutz sowieso. Und damit meine ich gar nicht einmal, dass die Tiere sterben müssen, wenn wir sie essen wollen. Ich finde das Leid und den Schmerz, den sie ihr Leben lang aushalten müssen, deutlich schlimmer.

Und sie haben keine Wahl. Aber wir haben eine!
Und so sollten wir überdenken, was wir da tun und darauf achten, wo die Tiere herkommen und wie es ihnen in ihrem kurzen Leben ging. Es gilt mittlerweile als erwiesen, dass Tiere nicht nur Schmerzen kennen, sondern auch Gefühle wie Furcht, Mitgefühl und Trauer.
Von Natur aus kennen sie aber auch das Gegenteil. Hast du schonmal Schweine voller Lebensfreude über eine Wiese oder durch den Matsch tollen sehen? Ein herzerwärmender Anblick. Aber wie viele der Schnitzel auf unseren Tellern haben das mal erleben dürfen?

So viel zu den Tieren an Land. Wenn du eher der Fischesser bist, betrifft dich weniger, was die Tiere an Land erleben. Ansonsten betrifft es dich aber in ähnlicher Form. Fische lieben es auch, frei und ungehindert durch das Wasser zu schwimmen. Das ist in Aquakulturen kaum möglich. Viele unserer Fische kommen aber aus eben solchen, zum Beispiel Lachs aus Norwegen. Da auch Fische mit Parasiten zu tun haben, der Lachs etwa mit der Lachslaus, und die natürliche Abwehr, nämlich Putzerfische, mit der Vielzahl in so einer Lachszucht nicht nachkommt, muss Chemie her. Da sich gerade bei Meeresfischen das Wasser in der Zucht nicht sauber vom Meereswasser trennen lässt, kommt zwangsläufig auch Chemie ins Meer. Das geht nicht ohne Folgen für die sonstigen Meeresbewohner, von denen nicht alle die Pestizide so gut vertragen wie die Lachse.
Hinzu kommt, dass im Futter der Fische oft auch Soja aus Südamerika ist – Gentechnik und gerodete Regenwälder inklusive.
Wenn es schon Fisch aus einer Aquakultur sein soll, dann zumindest Bio, da dort die Fische bessere Haltungsbedingungen haben und weniger schädliche Chemie eingesetzt wird.

Als Fazit muss man festhalten, dass die Massentierhaltung keine positiven, aber dafür jede Menge negative Effekte aufweist. Es gibt also viele Gründe dafür, unsere Wahl für Art, Menge und Herkunft unserer Lebensmittel sehr gut zu bedenken!

## Ernährung und die Gesundheit

Unser Essen hat einen entscheidenden Einfluss auf die Gesundheit. Gut, das ist für kaum jemanden etwas Neues, denkt doch fast jeder dabei an seine eigene Gesundheit. Aber es ist nicht nur das eigene Wohlergehen, sondern auch das des Planeten, das wir mit unserer Nahrung beeinflussen. Und dieser Einfluss ist massiv.
In den letzten Kapiteln wurde schon ziemlich deutlich, was für Auswirkungen der Fleischkonsum hat. Weiteren, speziellen Bereichen werde ich mich in den folgenden Abschnitten widmen.

Insgesamt ist es leider so, dass man als Verbraucher kaum eine Chance hat, die Ökobilanz seines Essens komplett einzuschätzen. Zu viele Faktoren spielen bei Produktion, Verarbeitung, Verpackung, Transport und Vertrieb eine Rolle.
Der einfachste Weg, beim Einkaufen unserer Nahrungsmittel alles richtig zu machen, ist wohl der Gang in den Bioladen oder allgemein der Kauf von Bioprodukten. Zumindest habe ich das eine Zeit lang gedacht.
Aber leider ist es nicht so einfach. Da ist zum Beispiel die Vielfalt der Bio-Siegel mit zum Teil deutlichen Unterschieden zwischen den Spitzenanforderungen von Demeter und Bioland und den recht laxen Regeln des Europäischen Bio-Siegels. Ich werde auf die Unterschiede hier nicht näher eingehen, da sich diese im Laufe der Zeit auch verändern können. Details findest du in Anhang 2 und im Bereich Anmerkungen und Quellen, 27. Es ist sicher ein guter Schritt in die richtige Richtung,

wenn du möglichst viele Produkte mit einem der Bio-Siegel kaufst. Es sei denn, du entdeckst, was ich kürzlich beim Einkaufen im Bioladen gesehen habe. Äpfel aus Argentinien und Chile. Und das in einer Jahreszeit, in der es reichlich Auswahl an deutschen oder zumindest europäischen Äpfeln gibt. Da ist für mich der Biogedanke ad absurdum geführt.
Das habe ich der Marketingabteilung dieser Ladenkette dann auch mitgeteilt. Eine gute Erklärung dafür hatten sie nicht.
Da ist der Apfel aus heimischen Gefilden, auch wenn er nicht Bio ist, vermutlich mit einer besseren Ökobilanz ausgestattet. Ob das schon wissenschaftlich untersucht wurde, weiß ich nicht. Aber es macht einfach keinen Sinn.
Besonders sinnvoll ist dagegen, lokal produzierte Bio-Produkte zu kaufen.
Da wäre dann ein lokales Bio-Siegel, zum Beispiel das Bayrische, sinnvoll. Man muss nicht lange suchen und weiß gleich, dass sowohl Anbau als auch Verarbeitung in Bayern stattfanden.
Wenn du nicht in Bayern oder Baden-Württemberg lebst und daher nicht auf ein solches lokales Siegel zurückgreifen kannst, musst du wohl auf dem Etikett nachschauen, wo das Produkt herkommt. Dieser Blick lohnt sich in jedem Fall. So finde ich immer wieder aufs Neue heraus, dass mehr Lebensmittel in meiner unmittelbaren Nähe hergestellt werden, als ich vermutet hätte. Und das ist längst nicht alles schnöde Hausmannskost.

Sicher ist es okay, dass wir auch mal etwas Abwechslung wollen. Das mag für den einen eine Papaya aus tropischen Gefilden sein, für andere ist es eine exotische Meeresfrucht. Als Besonderheit auf unserem Speiseplan, die wir uns ausnahmsweise mal gönnen, wäre das sicher nicht das Problem. Das entsteht erst, weil es normal geworden ist, sowas ständig auf dem Teller zu haben und es für viele zur Ausnahme geworden ist, sich an dem bei uns heimischen Angebot gütlich zu tun.
Leider hat das vielerlei Folgen. In späteren Kapiteln werde ich auf die Problematiken langer Transportwege oder von Superfood allgemein eingehen.
Sehr oft ist bei Produkten aus fernen Ländern die soziale Nachhaltigkeit nicht gegeben und auch der Schutz der Umwelt hat dort großen Nachholbedarf. Bei uns zwar auch, aber vielleicht in geringerem Maße.

Ein weiterer Bereich, in dem unsere Ernährung die Gesundheit der Umwelt beeinflusst, ist die Verschwendung von Lebensmitteln. In Deutschland werden jedes Jahr pro Kopf rund 80 kg Lebensmittel weggeschmissen. Das sind 20% des Jahresverbrauchs einer Person. Würde man das auf Null reduzieren, könnten 16 Millionen Menschen ohne zusätzlichen Aufwand ernährt werden. Vermutlich sogar ein paar mehr, da ja nicht alle so viel essen, wie wir das im Durchschnitt tun. Das sind doch krasse Zahlen, oder?
Was kann man tun? Viel entscheidet sich schon beim Einkauf. Mit Plan einzukaufen, also vorab einen Einkaufszettel zu schreiben und ihn dann auch noch dabei zu haben, hilft sehr dabei, das zu kaufen, was man

wirklich braucht. Bei Obst und Gemüse ist es gut, auch mal die nicht so hübsch gewachsenen Teile zu kaufen. Oder am Bananenfach ein Herz für Singles zu zeigen, die sonst meistens überbleiben. Zuhause ist mit den Resten hin und wieder Kreativität beim Kochen gefragt, damit nichts in den Müll muss. Das kann spannend, bunt und auch sehr lecker sein.

Zu guter Letzt, das Mindesthaltbarkeitsdatum (MHD). Es gibt Menschen, die tun so, als würde es „giftig ab“ heißen. Dem ist nicht so und mit etwas natürlichem Gespür, sieht oder riecht man gleich, ob etwas noch gut ist. Dafür haben wir doch unsere Sinne! Viele Produkte sind Wochen oder auch Monate über ihr MHD hinaus haltbar.

Mein Appell: so viel wie möglich heimisches und ökologisch nachhaltig produziertes Obst und Gemüse essen! Für Fleisch, Wurst und Käse gilt das gleichermaßen. Bei Obst und Gemüse kommt noch hinzu, dass wir möglichst saisonal passend essen sollten, da der Einsatz von Gewächshäusern die Ökobilanz deutlich verschlechtert. Genauso wichtig: Lebensmittel gehören nicht in den Müll! Weder in privaten Haushalten noch im Lebensmittelhandel!

## Milch und Eier

Bei Milch, Milchprodukten und Eiern mag Mancher auch gleich an die Gesundheit denken. Cholesterin und Laktose-Intoleranz sind aber nicht Thema des Buches. Na gut, so viel noch: die Milch ist von der Natur für das Kalb vorgesehen. Es soll daraus ja schließlich ein stattliches Fleckvieh von 600 – 800kg entstehen. Das könnte einen schon auf den Gedanken bringen, dass die nahrhaften Inhalte etwas zu viel des Guten für uns Menschen sind. Maßhalten wäre also sinnvoll.

Vorranging geht es aber um den Umweltschutz. Da gehört der Tierschutz zwingend dazu. Dieser wird vom Maßhalten stark beeinflusst. Unsere Maßlosigkeit im Verzehr ist einer der Gründe, dass die Haltungsbedingungen der Tiere oft miserabel sind. Auch, weil zu unserem Appetit auf Milch und Milchprodukte die „Geiz ist Geil-Mentalität" hinzukommt. So darf das alles möglichst wenig kosten und Erzeuger und Händler wollen etwas verdienen. Das funktioniert nur, wenn die Kühe unter schlimmsten Bedingungen gehalten und mit Silage gefüttert werden. Die Milchkühe entstammen hochgezüchteten Rassen, die heute mit rund 20.000 Litern im Jahr mehr als das doppelte produzieren als ihre Vorfahren vor 30 Jahren. Nachteil ist, dass sie zu nichts anderem zu gebrauchen sind. Das bekommen die männlichen Kälber recht schnell zu spüren. Sie geben keine Milch, Zucht-Stiere braucht es nur wenige und als Fleischlieferant sind sie nicht geeignet. In einigen Ländern werden sie daher nach der Geburt getötet. In

Deutschland ist das verboten und so sind sie hier ein ökonomisches Problem für den Milchbauern.
Umgehen ließe sich das, wenn wieder Rassen eingesetzt würden, die sowohl zur Milcherzeugung als auch zur Mast geeignet sind. Dann ginge es den Milchkühen auch etwas besser, denn die auf hohen Milchertrag gezüchteten Kühe sind schon nach wenigen Jahren erschöpft und „unbrauchbar". Was für ein trauriges Schicksal, wenn man bedenkt, dass eine Kuh 20 Jahre alt werden kann.

Am Rande sei hier auf das Leben der Ziegen hingewiesen. Ziegenmilch und ihre Erzeugnisse werden immer beliebter, aber Ziegenfleisch wird so gut wie gar nicht gegessen. Das bringt den kleinen Böcken keine gute Ausgangslage.

Was das Futter angeht, unterscheidet sich die Milchproduktion nicht allzu sehr von der Fleisch-produktion. Das gilt auch für die Gülle. Laut eines Berichts auf Arte sind es 3 Liter pro Liter Milch. Ziemlich viel.
Das Silo-Futter (Silage) wird zum Teil aus Mais und Soja hergestellt, der oft aus Übersee importiert wird. Nicht selten genetisch verändert und fast immer mit alles andere als umweltschonenden Anbaumethoden erzeugt. Leider ist das gegorene Futter aus dem Silo für die Kühe weniger gut verträglich.
Eigentlich weiden Kühe auf Wiesen, fressen Gras und Wiesenkräuter. Oder im Winter Heu.
Diese idyllischen Zustände kosten natürlich mehr. Wenn wir unseren Konsum aber ein wenig einschränken, ist es am Ende nicht wirklich teurer. Und die sogenannte

Heumilch, die es in jedem gut sortierten Supermarkt gibt, ist aus meiner Sicht ein Schritt in die richtige Richtung. Dazu bekommen die Kühe für die Heumilch-Erstellung Zugang zur Weide, wobei es dafür noch keine einheitliche Regelung gibt.
Die Milch ist, was die Inhaltsstoffe angeht, von höherer Qualität und somit für die Verarbeitung in der Molkerei, als auch für den Verbraucher besser geeignet. Dazu spielt das Gewissen ja auch noch eine Rolle. Und wenn man schon nicht auf Milch, Käse und Joghurt verzichten mag, sollte zumindest Bio-Heumilch die Basis sein.
Was das Gewissen angeht, darf man aber auch hier nicht vergessen, dass auch die „Heumilch-Kühe" nur Milch geben, wenn sie einmal im Jahr ein Kalb bekommen und auch dieses Kalb in den meisten Fällen wenig von seiner Mutter und ihrer Milch abbekommt. Die wollen wir Menschen ja schließlich haben.
Darüber habe ich mir früher ehrlich gesagt nie Gedanken gemacht. Seit ich das aber weiß, trinke ich nicht mal mehr Milch im Kaffee, und den Käse- und Joghurtkonsum schränke ich ein und genieße sie deutlich bewusster. Mein Müsli esse ich mit Soja-Joghurt und Haferdrink. Das sind aus meiner Sicht hervorragende Alternativen. Dabei sei hier am Rande erwähnt, dass Soja für die Herstellung veganer Lebensmittel weitestgehend in Europa angebaut wird.

Soweit zur Milch. Wie sieht es mit den Eiern aus? Mir fallen da direkt vergaste oder lebendig geschredderte Küken ein. Sorry für das Bild, aber manchmal ist es sinnvoll, der Wahrheit ins Auge zu sehen.

Es geht ja auch anders. Allerdings gilt wieder, dass die billige Massenware nicht ohne Leid für die Tiere zu bekommen ist.
Grundsätzlich legen die Hühner Eier, um sie auszubrüten. Nimmt der Mensch dem Huhn das Ei weg, ist es bestrebt, dieses möglichst schnell zu ersetzen, damit es brüten kann. Dabei ist es nicht relevant, ob die Eier überhaupt befruchtet sind. Ein Hahn ist also nicht von Nöten. Wie schon zuvor erwähnt, ist die Haltung von Hühnern sehr kritisch, das gilt für die Eierproduktion genauso wie für die Mast. Für einen möglichst hohen Ertrag an Eiern werden speziell auf hohe Leistung gezüchtete Rassen eingesetzt. Ähnlich wie die männlichen Kälber der Milchkühe haben auch die männlichen Küken ein Problem. Sie sind in Bezug auf den Fleischertrag nicht so geeignet und stören den Profit. Daher das Bild zu Beginn dieses Abschnitts. Es gibt aber auch Initiativen, die diesen Küken eine Chance geben. Sie brauchen, anstatt rund 40 Tage, in etwa doppelt so lang, um ein brauchbares Schlachtgewicht zu erreichen. Damit das finanziell tragbar ist, müssen diese Eier zu entsprechend höheren Preisen verkauft werden.
Aber das ist es wert!
Es gibt auch ein Forschungsprojekt, um die Tötung von jährlich rund 45 Millionen männlichen Küken in Deutschland (Quelle: Bundesagrar-Ministerium) zukünftig zu verhindern. So soll nach 3 Tagen Brüten mittels Laseruntersuchung das Geschlecht des Embryos bestimmt werden. Ist das Küken männlich, wandert das

Ei zur Verwertung, zum Beispiel für die Futtermittelindustrie. Nur Eier mit weiblichen Küken werden dann weiter bebrütet (Anmerkungen und Quellen, 28.).
Mir ist da der Weg mit der Aufzucht von Hahn und Henne sympathischer. Besonders, weil uns die frühe Geschlechterbestimmung keinen Anreiz zur dringend benötigten Drosselung des Konsums bietet.

Als Fazit ist festzuhalten, dass unsere Liebe für Milchprodukte und Eier vielerlei Probleme mit sich bringt. Zweifelsohne ist die vegane Ernährung der sicherste Schlüssel zur Vermeidung der hier beschriebenen Tierquälerei und Umweltproblematiken. Wem das schwer fällt, der kann aber auf jeden Fall mit einem deutlich reduzierten Konsum und dem einen oder anderen veganen Tag ebenfalls einen guten Beitrag leisten. Und beim Einkauf ist die richtige Wahl am Regal das, was die Erzeuger langfristig ihre Methoden ändern lässt.

## Dein Einkauf und die Bienen

Ich habe es schon zuvor erwähnt. Beim Einkaufen können wir sehr viel Einfluss nehmen. Das gilt für die positive wie auch die negative Richtung. Daher ist das Thema so wichtig und wird immer wieder genannt. Auf Industrie, Handel und Politik können wir nicht warten, es ist wichtig, dass wir selbst sinnvolle Entscheidungen treffen. Dazu gehört, die ökologische und soziale Nachhaltigkeit der Produkte zu bedenken. Das geht am einfachsten, wenn man sich informiert und von den Umwelt- und Nachhaltigkeits-Siegeln leiten lässt. Im Anhang 2 findest du dazu eine Übersicht.
Eine Seite, die sehr gute und umfangreiche Informationen dazu bietet, ist „Der Nachhaltige Warenkorb“ vom Rat für nachhaltige Entwicklung (siehe Anmerkungen und Quellen, 29).

Was hat das nun mit der Biene zu tun? Sie ist, wie viele andere Insekten, stark darauf angewiesen, dass wir beim Einkauf die richtige Entscheidung treffen.
Bei den Auswirkungen unseres Handelns auf die Umwelt kommen wir an den Bienen und Insekten allgemein nicht vorbei. Ich mache es mir hier aber mal einfach und gehe im Wesentlichen auf die Immen ein, da sie aus egoistischer menschlicher Sicht die wichtigste Rolle spielen.

Um die Bienen steht es nicht gut, ihr Bestand hat in den letzten Jahren dramatisch abgenommen. Das ist nicht nur für die, die mit Biene Maja und Willi großgeworden sind, ein Drama, auch wenn es den Liebhabern dieser fleißigen Flieger wohl besonders um das Leid der Tiere geht. Ob man sie nun mag oder nicht, in jedem Fall haben sie eine ganz entscheidende Funktion. Und damit ist nicht der Honig gemeint.
Sie bestäuben rund 80% der Nutz- und Wildpflanzen. Ohne das gäbe es einen deutlichen Rückgang beim Ernteertrag für unser Obst und Gemüse.
Es hätte fatale Folgen für die Ernährung der Weltbevölkerung, nicht nur in armen Ländern. Ein Beitrag in der „Welt" lautete: „Sterben die Bienen, sterben auch Menschen" (Anmerkungen und Quellen, 30.).
Was können wir tun? An der Tatsache, dass die Varroamilbe den schwarz-gelben Insekten zusetzt, lässt sich nicht sehr viel ändern, auch wenn der von uns verursachte Klimawandel eher den Parasiten zugutekommt.
Was wir aber direkt beeinflussen können, ist der Einsatz von Pestiziden und Herbiziden, da diese auch stark für die Dezimierung der Bienenvölker sorgen. Besonders die Neonikotinoide unter den Insektiziden (Pestiziden) machen den Bienen zu schaffen. Aber ohne kann die konventionelle Agrar-Industrie nicht. Denkt sie zumindest.

An der Bedrohung der Wildbienen haben wohl leider auch die Honigbienen ihren Anteil. Diese hochgezüchteten Tiere sind robuster als ihre wilden Verwandten und setzen sich an den Futterquellen durch.

Diese sind leider rar. Was können wir tun? Einerseits den Verzehr von Honig im Auge behalten und Maß halten, andererseits dabei helfen, möglichst viele Nahrungsquellen für Bienen und Insekten allgemein bereitzustellen. Das können Blumenwiesen sein oder auch Löwenzahn, den man blühen lässt. Es gibt spezielle Saatmischungen dafür. So ein Blütenmeer sieht dazu auch noch hübsch aus!

Beim Gedanken an das Kapitel „Ernährung und die Gesundheit“ wird gleich ein Lösungsweg für die Hauptbedrohung der Bienen und Insekten allgemein aufgezeigt. Bio-Produkte verzichten weitgehend auf den Einsatz von Bienen-schädlichen Chemikalien. Somit gibt es einen weiteren Grund, diesen Weg beim Einkauf zu wählen. Es schont die Bienen und hilft uns selbst, direkt und indirekt. Indirekt, weil wir die fleißigen Bestäuber unbedingt brauchen.
Direkt aber auch, denn spätestens seit der Glyphosat – Diskussion weiß jeder, dass wir die Rückstände dieser chemischen Cocktails über Nahrung und Getränke aufnehmen. Auch im Bier wurde es reichlich nachgewiesen. Prost!
Der Sinn des Verbots von Glyphosat darf im Übrigen kritisch betrachtet werden. Denn was wird geschehen? Es werden andere Herbizide eingesetzt, die dann zum Teil noch giftiger sind und deren Auswirkungen vermutlich weit weniger gut untersucht sind. Daher: Bio heißt die Alternative!
Denk bitte noch mal an das Kapitel „Fleisch macht hungrig!“ zurück. Ich habe dort den hohen Futterbedarf

für die Fleischproduktion aufgezeigt. Für die Milch gilt das gleichermaßen.
Rund 50% der Agrarfläche Deutschlands dient dem Anbau von Tierfutter. Und weil das ebenfalls sehr effizient geschehen muss, damit das Fleisch dann billig im Kühlregal des Diskounters liegen kann, wird hier ebenfalls sehr viel Chemie in Form von Düngern, Pestiziden und Herbiziden eingesetzt.
Somit schützt du die Bienen am besten, wenn du dich vegan ernährst.
Die Alternative dazu kann nur ein sehr mäßiger Konsum von Bio-Fleisch und Bio-Milchprodukten sein.
Ich weiß, das Credo wiederholt sich. Aber so sind die Zusammenhänge nun mal. Ob wir das wollen, oder nicht.

## Superfood? Tut nicht allen gut!

Superfood, was ist das überhaupt? Mir fallen dazu besonders Avocado, Chia, Goji, Quinoa und noch mehr exotisch klingende Namen ein. Kein Wunder, sind diese und einige Weitere doch gerade sehr in Mode. Und daran sieht man schon, dass der Begriff Superfood auch als Marketinginstrument eingesetzt wird.
Damit tut man dem Superfood aber durchaus Unrecht, denn sie haben etwas, das andere Nahrungsmittel nicht haben. Ihr Anteil an bestimmten Nähr- oder Wirkstoffen übersteigt den von anderen Lebensmitteln deutlich. Dazu haben viele von ihnen medizinische Wirkung.
Allerdings müssen sie keinesfalls exotisch und von weit her sein. Leinsamen, Brennnesseln, Löwenzahn, Hanf, Brokkoli und viele mehr gehören ebenfalls dazu. Klingen halt nur nicht so sexy und verkaufswirksam.
Dafür sind sie aber, wenn man die Nachhaltigkeit berücksichtigt, den weitgereisten Exoten deutlich vorzuziehen. Und das ist auch der Grund, warum dieses weitere Ernährungsthema es in dieses Buch schafft.

Hanf hat aus meiner Sicht das Potential, ein Superstar zu werden. Von der berauschenden Wirkung einiger Hanfsorten hat wohl schon jeder gehört. Ich meine hier aber den Nutzhanf, der mit anderen Werten berauscht. Sowohl wegen der Nährwerte, als auch als Rohstoff für Kleidung, Papier und Kunststoff-Erzeugnisse kann er punkten. Dazu wächst er schnell und ist dabei sehr anspruchslos. Von der Pflanze können wir also noch viel erwarten.

Zurück zum Superfood-Hype. Ich beobachte immer wieder, wie ernährungsbewusste Menschen, oft Vegetarier oder Veganer, diese exotischen Superfoods für sich entdecken und freudig über ihre kulinarischen Erlebnisse berichten. Mag sein, dass das ein subjektiver Eindruck ist. Aber sicher ist, dass der Umsatz mit diesen importieren Lebensmitteln deutlich gestiegen ist und immer noch steigt.

Man sollte sich aber auch mal die ganze Geschichte anschauen. Nehmen wir mal die Avocado; meistens kommt sie aus Mexiko oder Chile und ist weit gereist; im gekühlten Container über den Ozean. Dann wird sie, in Europa angekommen, in einer Reif-Station behandelt, damit sie schmackhaft auf den Tisch kommt. Das bedeutet, dass der ökologische Fußabdruck selbst bei Bio-Früchten nicht gut sein kann. Dazu braucht es rund 1000 Liter Wasser für ein Kilo Avocado. Das klingt nicht so dramatisch, wenn ich mir aber anschaue, wo sie wachsen, ist es das schon. In den Anbaugebieten herrscht oft Wassermangel. Das geht soweit, dass durch das Anzapfen von Bächen für die dort lebenden Menschen nicht genug Wasser bleibt und diese dann mit Tankwagen versorgt werden müssen.
Dazu sind Monokulturen und starker Einsatz von Pestiziden ein Problem. Außerdem werden für den Anbau illegal Wälder abgeholzt.

Ähnliches ist in der Vergangenheit schon für eine andere Frucht gemacht worden, die für uns heute mehr als alltäglich ist: die Banane. Auch ihr Genuss sollte mehr überdacht werden. Die Gründe sind ähnlich wie bei der Avocado. Bei mir ist die Banane seit vielen Jahren täglicher Bestandteil des Frühstücks und es fällt mir schwer, darauf zu verzichten. Immerhin schaffe ich es an zwei Tagen in der Woche, an denen ich sie durch heimisches Proteinpulver aus der Hanfnuss oder Kürbiskernen ersetze. Schmeckt im Müsli beides sehr gut.

Ich möchte niemandem die Guacamole verderben, aber selbst bei Avocados aus Spanien und Israel ist das Thema Wasser in diesen trockenen Ländern mit den dazu beschriebenen Nebeneffekten ein Problem.
Kritisch sehe ich nicht den gelegentlichen Verzehr einer Avocado, aber wenn sie zur Normalität auf dem Speiseplan wird, tut es der Umwelt nicht gut. Selbst wenn Veganer behaupten, dass sie durch den Verzicht auf Tierisches schon sehr viel für die Umwelt tun, denke ich, dass es kein nachhaltiger Ansatz ist, dann bergeweise Avocados zu futtern.

Nachdem ich diese grüne Super-Frucht nun etwas strapaziert habe, folgen noch ein paar Gedanken zur sozialen Nachhaltigkeit.
Nehmen wir mal zur Abwechslung Quinoa ran. Es wächst in den kargen Höhenlagen der Anden. Und weil dort nicht allzu viel anderes wächst, ist der Nährstoffreichtum für die Andenbewohner besonders wichtig. Nun boomt die Nachfrage nach Quinoa weltweit, obwohl sich die Menschen in den reichen Ländern diese Nährstoffe auch ohne das südamerika-nische Pseudogetreide ausreichend zuführen können.

Das ist für die armen Bewohner der Andenregionen deutlich schwieriger. Und sie haben es jetzt tatsächlich schwer, da der weltweite Appetit auf dieses Superfood zu steigenden Preisen und geringerer Verfügbarkeit in den Erzeugerländern führt. Die soziale Nachhaltigkeit ist somit nicht gegeben.

Was die Quinoa angeht, habe ich kürzlich in einem Prospekt den Hinweis auf Quinoa aus Deutschland gesehen. Das würde meine obigen Bedenken zerstreuen. Und vielleicht trifft das auch noch auf andere Sorten zu, so dass man dann doch bedenkenloser zugreifen könnte. Bis der steigende Bedarf rein aus Europa heraus gedeckt werden kann, wird aber sicher noch einige Zeit vergehen.

Bisweilen hat vermutlich jedes der trendigen Superfoods seine eigene Kehrseite, mindestens der lange Transportweg eint sie, denn die Ausnahmen sind noch sehr rar. Und die sozialen Aspekte wiegen mindestens genauso stark. Aus meiner Sicht ist es Zeit, über unseren Tellerrand hinauszuschauen und Verantwortung für die Folgen in den Erzeuger- und Anbauländern zu übernehmen. Ansonsten ist der Genuss doch ein sehr Fragwürdiger!
Wie wäre es also, mal die heimischen Wunder-Nahrungsmittel bei der Speisezubereitung zu berücksichtigen?
Ich sehe mittlerweile bei fast jedem Hundespaziergang die Brennnesseln am Wegesrand mit anderen Augen. Und die Samen haben inzwischen auch ihren Weg in mein Müsli gefunden.

Da gibt es sicher noch vieles mehr zu entdecken, was sich mit wirklicher Nachhaltigkeit gut auf unseren Tellern und in den Bäuchen macht.

## Nervennahrung

Woran denkst du? Bei mir ist es Schokolade. Oder Süßigkeiten im Allgemeinen.
Solltest du jetzt tatsächlich an etwas Gesundes gedacht haben, dann hast du für deine Stresssituationen sicher bessere Lösungen als die meisten von uns.

Aber wir greifen ja nicht nur bei Stress zu Schokolade und Co., sondern auch als Zwischenmahlzeit oder abendlichen Nachtisch beim Fernsehen.
Meistens ist es nicht nur pure Schokolade, sondern es sind leckere Füllungen enthalten. Leider kommen dann sehr schnell Zutaten ins Spiel, die an anderen Orten auf dem Planeten für Unheil sorgen. Entschuldige, jetzt bin ich schon wieder beim Palmöl gelandet. Es ist aber auch wie verhext mit dem Zeug.
Es gibt sicher Bereiche, bei denen der Nutzung eine gute Absicht vorausging. So müssen wir uns und diverse Güter irgendwie von A nach B transportieren. Die Idee, dafür Bio-Sprit zu nutzen, ist zunächst einleuchtend und erscheint nachhaltig, ist sie aber am Ende dann leider doch nicht.
Aber welchen Grund könnte es haben, dass für unseren puren Genuss und Luxus Bäume gefällt werden und Tiere sterben müssen? Da fällt mir persönlich die Legitimation deutlich schwerer.

Das Palmöl ist aber nicht der einzige Übeltäter. Der Kakao selbst kommt leider oft nicht so besonders unschuldig daher. Ausbeutung der Arbeiter und Kinderarbeit sind ein leidiges Thema. Und auch die Natur kommt meistens nicht gut weg dabei. Erst Monokulturen und der Einsatz von Pestiziden machen die Schokolade billig und sorgen dafür, dass die Konzerne noch ordentliche Gewinne haben. Das kann man von den Farmarbeitern wohl nicht behaupten.

Ich möchte niemandem das Naschen madigmachen, aber es ist schon fragwürdig, was wir alles ohne schlechtes Gewissen genießen, oder? Vermutlich möchte keiner von uns, dass das so ist. Aber wir sind nun mal sehr gut darin, diese Zustände auszublenden.

Dabei geht es auch anders und so viel teurer muss es gar nicht unbedingt sein. Aber wir könnten unseren Luxus, und das sollte Schokolade sein, dann doch viel besser genießen.

Es gibt verschiedene Zertifizierungen, die etwas über die Herkunft der Schokolade aussagen. Das UTZ-Siegel (neuerdings vereint mit der Rainforest-Alliance) stellt da eher Basisanforderungen dar und sollte für uns Verbraucher ein Minimum sein. Persönlich bevorzuge ich Fairtrade.

Und wenn es dann auch noch Bio ist, umso besser. So bleibt die Chemie auch gleich außen vor.

Eine Steigerung gibt es aber noch. Vegane Schokolade. Da gibt es prima schmeckende Sorten und es ist schließlich der Kakao in der Schoki, der einem das Glück beschert, nicht die Milch!

Aber Achtung: auch Bio und Vegan enthalten oft Palmöl. Da fehlt manchen Herstellern noch das Bewusstsein für Gesundheit und Nachhaltigkeit.

Ach, du hast zu Beginn des Kapitels gar nicht an etwas zum Naschen gedacht? Du beruhigst deine Nerven lieber mit Alkohol?
Nun, wie wenig empfehlenswert das zu dem Zweck ist, weißt du vermutlich selbst.
Davon abgesehen kann man sich natürlich auch beim Genuss alkoholischer Getränke mehr oder weniger umweltverträglich verhalten. So gibt es unglaublich viele Brauereien, und es dürfte für jeden eine geben, die man als lokal bezeichnen kann. Bio-Bier ist auch mehr und mehr im Sortiment. Mir schmeckt es. Und wenn du nicht gerne Glyphosat im Bier hast, solltest du sowieso zur ökologischen Variante greifen. Traurig, aber durch Studien nachgewiesen.

Mein Lieblingswein kam lange Zeit von weit her, aus Australien. Irgendwann wurde mir jedoch klar, wie unsinnig das ist. In Europa gibt es so fantastische Weine, da braucht es keine lange Anreise. Selbst in Deutschland und Österreich, vieles davon auch in Bio-Qualität.

Und wer gerne mal etwas Härteres trinkt: es gibt sogar viele kleine Brennereien, deren Handwerk man mal ausprobieren sollte. Sogar Gin und Whisky gibt es aus lokaler Produktion. So wird die lokale Wirtschaft unterstützt und die Umwelt weniger durch lange Transportwege belastet.

Es gibt also Möglichkeiten, sich Genuss zu gönnen, ohne dabei ein schlechtes Gewissen haben zu müssen.
Gibst du ihnen eine Chance?

## Wasser – Trinkwasser – Plastikflaschen

Wasser, unser Lebensquell. Obwohl eigentlich reichlich auf unserem Planeten vorhanden, ist es doch in vielen Regionen knapp, so dass es nicht für eine ausreichende Versorgung mit gutem Trinkwasser für alle reicht. Dagegen möchte Mancher von uns etwas besonders Gutes trinken und das zur Genüge vorhandene Wasser aus der Umgebung ist nicht gut genug. So gönnt man sich dann schon mal Wasser, das auf den Fidschi-Inseln (Fiji) im Südpazifik entspringt. Okay, sind ja auch bloß 16.000 km Anreise, bis die Plastikflaschen in Deutschland im Supermarkt-Regal stehen.
Ist das nicht absurd?

Dann gibt es Orte wie Flint in Michigan, USA, an denen Konzerne wie Nestlé in der Nachbarschaft für sehr wenig Geld gutes Wasser aus der Erde pumpen dürfen, und es dann für teures Geld verkaufen. Dafür wird den Bewohnern der Stadt verunreinigtes Wasser durchs Leitungsnetz gepumpt, da diese kein Geld für die Aufbereitung hat. Geht's noch? Als ich in den USA lebte, war mir dieser Umstand nicht bewusst und so habe ich genau dieses Wasser getrunken und so die Machenschaften dieses Unternehmens auch noch unterstützt. Das passiert mir heute nicht mehr!

In Deutschland wird auch immer wieder mal die Privatisierung des Trinkwassernetzes diskutiert. Bisher wurde es immer abgelehnt, da unter anderem befürchtet wird,

dass zur Gewinnmaximierung mit Qualitätseinbußen zu rechnen ist.
Eine begründete Befürchtung, wenn man Berichten aus anderen Ländern, die das praktiziert haben, glauben darf. Der Zugang zu gutem Trinkwasser sollte ein Grundrecht sein, daher ist es unter allen Umständen zu verhindern, dass die Wasserversorgung privatisiert wird. Leider hat die EU das in Portugal oder Griechenland zur Rettung in der Finanzkrise gefordert. Nachhaltiges Denken sieht anders aus!

Auf jeden Fall haben wir in Deutschland sehr gutes Trinkwasser. So gibt es keinen Grund, Wasser in Flaschen heranzuschleppen, da vielerorts die Trinkwasserqualität aus der Leitung besser ist als manches Flaschenwasser.
Der Geschmack ist da vielleicht für den Einen oder Anderen ein Störfaktor. Und Wasser sollte schmecken, denn es soll ja unser Haupt-Durstlöscher sein. Aber dann kann man ja immer noch ein in Mehrweg-Glasflaschen abgefülltes Wasser aus einer nahen Quelle kaufen. Davon gibt es in Deutschland reichlich.
Die 16.000 km tun der Umwelt ganz sicher nicht gut, ebenso wenig die Plastikflasche.

Bei der Nutzung von Leitungswasser gibt es zur Befüllung unzählige Varianten von wiederverwendbaren Flaschen verschiedenster Materialien. Teilweise als robuste Thermosflaschen, die lange warm oder kalt halten. Da kommt doch keine Plastikflasche mit, ganz zu schweigen von der mangelnden Ästhetik.

## Abwasser

Wo Wasser fließt, da entsteht auch Abwasser. Insofern können wir uns glücklich schätzen, dass wir uns auch diesem Thema widmen dürfen.
Da es ein essentieller Bereich des modernen Lebens ist, macht es Sinn, sich einmal mit Abwasser zu beschäftigen und zu verstehen, was passiert, wenn es durch den Straßen-Gully, den Küchenabfluss oder die Toilette unser Blickfeld verlassen hat.
Im Kapitel zu Mikroplastik habe ich das Thema bereits erwähnt. Die Kläranlagen, in denen das Siedlungsabwasser landet, haben es mit einer Fülle von Aufgaben zu tun. Im Abwasser befinden sich mikroskopische Teilchen, Chemikalien, Schwermetalle, Medikamentenreste, Dünger, Pestizide aller Art, Mikroplastik und sonstiger Müll.
Fast vergessen: natürlich sind auch unsere Verdauungsprodukte dabei. Allerdings möchte ich diese hier nicht in Frage stellen, obwohl auch sie durchaus ein Problem sind. So finden sich Rückstände von Arzneien wie Antibiotika oder Blutdrucksenkenden Mitteln teilweise im Trinkwasser wieder. Der Mensch nimmt die Wirkstoffe nicht komplett auf und scheidet einen erheblichen Anteil wieder aus, der von den Kläranlagen nicht erfasst wird und so wieder in den Wasserkreislauf gerät. Ein Thema, dass von den Betroffenen sehr schwer zu beeinflussen ist. Es gibt aber für viele Medikamente Alternativen, die sich schneller abbauen. So kann man sogar bei der Arznei etwas tun und seinen Arzt nach diesen umweltfreundlicheren Mitteln fragen.

Alles andere ist aber zum Teil recht leicht zu kontrollieren. So gibt es keinen Grund, Müll irgendeiner Art über das Abwasser zu entsorgen. Es landet zwar über den getrockneten Klärschlamm später größtenteils in der thermischen Verwertung, zum Beispiel in der Müllverbrennung, aber den Aufwand, es aus dem Wasser zu fischen, könnte man sich doch sehr leicht sparen.
Ein für Damen sicher nicht sehr angenehmes Thema, aber trotzdem ein Wichtiges: auch Tampons gehören nicht in die Toilette. Sie lösen sich nicht auf, sondern quellen im Wasser sehr stark auf. So entsteht ein erhebliches Verstopfungsrisiko.

Genau genommen möchte ich mir gar kein genaues Bild davon machen, was Menschen so alles im Klo entsorgen. Aber in die Kanalisation gehört definitiv nur das, wofür sie gemacht wurde. Da gehören Essensreste ebenso wenig dazu wie Zigaretten-Kippen, weder über die Abflüsse im Haus noch die auf der Straße.

Wie schon erwähnt, wird der Klärschlamm weitestgehend thermisch verwertet, also zur Erzeugung von Wärme oder Strom verbrannt.
In Deutschland waren es laut statistischem Bundesamt 63,7% im Jahr 2015. Der Rest wurde größtenteils als Dünger in der Landwirtschaft verwendet. Dieser Anteil wird aber zukünftig wohl sinken, da in Deutschland die neue Klärschlammverordnung von 2017 die Grenzwerte verschärft hat und so weniger Reste aus den Klärwerken den Weg auf die Äcker finden können.

Einerseits schade, andererseits aber auch richtig. Denn weder Schwermetalle und Co. noch Mikroplastik gehören auf den Acker.
Die Verbrennung ist aber auch nicht gerade der beste Weg. Zumindest nicht zusammen mit dem übrigen Müll. Wir haben mittlerweile viel bessere Methoden, Energie zu erzeugen. Außerdem verliert man auf diesem Weg die vielen wertvollen Inhaltsstoffe, wie zum Beispiel Phosphate.
Es gibt also noch einiges zu forschen und entwickeln, um die beste Lösung für unseren Klärschlamm zu entwickeln.

In jedem Fall gilt: weniger Müll, egal ob über die Abwasser-Kanalisation oder über die Mülltonne, hilft der Umwelt!

## Globaler Handel und die Transportindustrie

Was hat dein Alltag mit der Transportindustrie zu tun? Leider eine ganze Menge; ich habe es in einigen vorherigen Kapiteln schon anklingen lassen.

Es ist Februar und kürzlich war Valentinstag. Ich weiß, nicht für jeden ist das der Tag der Verliebten, viele sehen darin auch einen weiteren Tag des Kommerzes. Nicht ganz zu Unrecht, wie ich finde. An diesem Tag werden auf jeden Fall gerne Blumen verschenkt. Und wo kommen die um diese Jahreszeit her? Zu einem sehr großen Anteil aus Kenia. Allein der CO2-Fußabdruck der bunten Vielfalt ist durch die Flugreise enorm. Leider kommt dazu noch, dass die Pflanzen oft aus Monokulturen stammen und für ihr Wachstum viel Chemie eingesetzt wird. Und pro Rosenblüte, sie ist unser Liebling für diese Gelegenheit, werden 7-13 Liter Wasser verbraucht. Davon hat Kenia aber nicht gerade im Überfluss. Die Arbeitsbedingungen sind auch sehr dürftig, so dass Mensch und Umwelt gefährdet sind. Ausnahme: man kauft Fairtrade, dann ist es eine legitime Alternative, die vielen Menschen Arbeitsplätze gibt. Aber das Transportproblem bleibt.
Nun denkst du vielleicht, dass die Blumen am Valentinstag nicht wirklich ausschlaggebend sind. Und vermutlich sind sie das auch nicht. Aber überleg mal, wie viel von dem, was dir täglich wichtig ist, kommt von weit her? Es ist erschreckend. Kaffee und Tee, Bananen, viele andere Obstsorten. Ist es wirklich notwendig, dass wir im Winter Heidelbeeren aus Südamerika essen? Viele Dinge

wachsen nun mal nicht bei uns in der Nähe, und wir haben uns daran gewöhnt, diese von weit her zu transportieren. Aber müssen wir das auch noch mit den Früchten machen, die zur richtigen Jahreszeit direkt vor unserer Haustür wachsen? Wenn alles zu jeder Zeit verfügbar ist, weiß man es dann überhaupt noch richtig zu würdigen? Freut man sich dann noch besonders darüber?

Apropos Würdigen. Vieles, das weit außerhalb unseres Sichtfeldes geschieht, berührt uns nicht so sehr. Glücklicherweise sind Informationen heute ebenfalls globaler und viel schneller und leichter verfügbar als früher.
So ist es kein Geheimnis, dass vielerorts die Arbeitsbedingungen miserabel sind, und die Umwelt für die Produkte auf unseren Tellern oder in unseren Händen, siehe Mobiltelefone, massiv gefährdet wird.
Wissen wir das ausreichend zu würdigen? Ich glaube nicht.
Ich glaube aber, wir täten gut daran, es mehr zu tun. Wenn wir bei unserer geliebten Tasse Kaffee oder dem Stück Schokolade hin und wieder an die denken, die das in der Ferne erst möglich machen und wie sie dafür arbeiten, dann würden wir weniger zum billigsten Schrott greifen und uns wäre fairer Handel von ökologisch und sozial nachhaltig erzeugten Produkten deutlich wichtiger!

Das behebt zwar das Problem der Transporte noch nicht, es wäre aber ein Riesenschritt in die richtige Richtung.
Beim Warenverkehr täten wir gut daran, den Slogan „Regional und Saisonal“ zu beherzigen.

Wusstest du, dass die 15 größten Containerschiffe so viele Schadstoffe ausstoßen, wie 750 Millionen Autos? Beim Schwefel sind es die 24 größten Frachter, die so viel in die Luft blasen, wie die genannte Menge an Autos. Und es gibt rund 90.000 Frachtschiffe weltweit und mehr als eine Milliarde Autos! So wird schnell deutlich, wo echter Handlungsbedarf besteht.

Dazu ist der Schwefelausstoß der Schifffahrt rund 97-mal höher als bei der kommerziellen Luftfahrt.

Für Anwohner von großen Häfen ist das auch kein Problem, dass sich bloß irgendwo auf den Weltmeeren abspielt, sondern quasi direkt vor ihrer Haustür. Insgesamt wird diese dicke Luft natürlich sowieso von den Winden ordentlich verteilt und zu einem wahrhaft globalen Problem gemacht.

Einer der Gründe für den hohen Schadstoffausstoß ist das Schweröl, das als Abfallprodukt in den Raffinerien bei der Herstellung von Benzin und Diesel anfällt und daher günstig zu haben ist. Bei der Verbrennung des Schweröls entstehen deutlich mehr Schadstoffe als bei Diesel oder Schiffsdiesel. Trotzdem fahren die Frachtschiffe, und zum Teil sogar die Kreuzfahrschiffe, mit Schweröl. In den Gebieten von Häfen der EU, aber auch in Nord- und Ostsee, müssen die Schiffe seit einigen Jahren verschärfte Grenzwerte bei der Schwefelemission einhalten. Das geht, indem sie dann auf Schiffsdiesel umschalten oder über den Einbau von Filteranlagen. Letzteres ist auf Dauer wohl wegen des billigen Schweröls günstiger, birgt aber in der Entsorgung der Abfallprodukte der Filter wieder neue Risiken für die Umwelt.

Es wird sicher noch eine Weile dauern, bis wir Waren wirklich umweltverträglich über die Ozeane schippern. Aber immerhin gibt es Meldungen, die Hoffnung machen. So sollen schon in den nächsten Jahren erste elektrisch betriebene Containerschiffe ihren Betrieb aufnehmen, sowohl in der Binnenschifffahrt, als auch auf den Weltmeeren.
Auch Segelfrachter sind eine Alternative, die großes Potential bietet. Hoffen wir, dass diese umweltschonenden Transportmöglichkeiten bald so ausgereift sind, dass sie die jetzt üblichen Containerschiffe in naher Zukunft ersetzen können.

Und was machen wir bis dahin? Ich werde meinen Konsum an globalen Waren einschränken. Auch, wenn mir das bei Bananen und Kaffee sehr schwerfällt.

## Mobilität und des Deutschen liebstes Kind

Das Auto, des Deutschen liebstes Kind. Die Formulierung ist in der verallgemeinerten Darstellung sicher reichlich überspitzt. Aber für viele trifft es vermutlich zu. Da ist eine schöne Felge am Auto wichtiger als eine brauchbare Kauleiste im Mund. Na gut, wenn die Felge wenigstens an einem Elektroauto glänzt, ist es ja gut!

Ist es das wirklich? Gute Frage!
So einfach, wie viele denken, ist die aber gar nicht zu beantworten. Das Elektroauto kommt nicht so emissionsfrei daher, wie es im ersten Moment aussieht. Ein großer Faktor ist, wie der Strom zur Betankung erzeugt wurde. Ist es zu 100% Ökostrom, bringt das die Umweltbilanz schon mal deutlich nach vorne. Man darf aber auch die energieintensive Herstellung der Batterien nicht außer Acht lassen. So ist bei einigen großen Modellen der Energieeinsatz so groß, dass vergleichbare Dieselautos weit über 100.000 km fahren können, bevor die CO2-Bilanz des Elektroautos besser ist. Genaue Zahlen findet man dazu kaum und ihre Gültigkeit ist vermutlich auch nicht von großer Dauer.
Ebenfalls zu Bedenken ist der Reifenabrieb, der einen erheblichen Beitrag leistet beim Feinstaub-Aufkommen sowie an Partikeln, die in die Kanalisation geraten und so in Flüsse und Meere gelangen. Tatsächlich ist das eine der Hauptquellen für Mikroplastik in den Ozeanen.

Es ist zu erwarten, dass mit fortschreitender Technik die Öko-Bilanz des Elektroautos, oder Alternativen wie Fahrzeugen mit Wasserstoff-Antrieb, immer besser wird und dann auch die herkömmlichen, mit Diesel oder Benzin angetriebenen Verbrennungsmotoren deutlich hinter sich lässt.

Letztendlich wird es aber schwer werden, große Schritte nach vorne zu machen, wenn die öffentlichen Verkehrsmittel, speziell der ÖPNV (Öffentlicher Personennahverkehr) nicht deutlich gestärkt werden.
Immerhin scheint sich in dem Bereich etwas zu tun. Zumindest diskutierte man Anfang 2018 in Deutschland den kostenlosen ÖPNV. Angestoßen wurde die Diskussion, weil das Land die EU-Vorgaben der Luftreinheit in den Städten nicht einhält. Ich halte das für eine sehr gute Lösung, da es auch für ein sinkendes Verkehrsaufkommen sorgen sollte.

Bedenkt man, dass in Deutschland nur rund ein Drittel der Bevölkerung in Städten mit mehr als 100.000 Einwohnern lebt, kann man sich denken, dass der Individual-Verkehr weiterhin eine große Rolle spielen wird. Insofern ist eine Förderung der Forschung zu emissionsarmen oder sogar -freien Fahrzeugen absolut sinnvoll.
Allerdings verschiebt sich der Lebensraum in Deutschland mehr und mehr zu den Metropolregionen wie zum Beispiel Frankfurt/Rhein/Main, Rhein/Ruhr, München oder Berlin. Das wird den ÖPNV in diesen Regionen

noch effektiver machen und spricht sicher auch für das Konzept des kostenlosen ÖPNV.

Was kannst du tun, ohne auf diese Veränderung warten zu müssen?
Man kann natürlich auch jetzt schon den ÖPNV nutzen, um zur Arbeit oder zum Einkaufen zu fahren. Auch das Fahrrad ist eine Möglichkeit und viele Wege lassen sich auch zu Fuß erledigen.
Muss es doch das Auto sein, dann hat die Fahrweise einen entscheidenden Anteil am Verbrauch. So sind hohe Geschwindigkeiten sehr belastend. Durch rechtzeitiges Hochschalten lässt sich ebenfalls einiges an Sprit sparen. An der Ampel oder Schranken kann man den Motor abstellen, was viele moderne Autos ja schon automatisch machen. Und das Warmlaufenlassen ist in Deutschland aus gutem Grund verboten, da es eine völlig überflüssige Belastung darstellt.

Der Erwerb von CO2-Zertifikaten für den Straßenverkehr, ähnlich wie bei Flugreisen (siehe Kapitel „Urlaub und Umwelt – nachhaltiges Reisen") ist aus meiner Sicht eine gute Möglichkeit, den Klimaeinfluss des Autofahrens zu reduzieren, wenn dieses unverzichtbar ist. Das wird zwar oft als Ablasshandel bezeichnet, doch der Erwerb reduziert den CO2-Fußabdruck, den man hinterlässt. Ein Mittel, das aber nur in Kombination mit allen anderen Möglichkeiten angewendet werden sollte, denn die Vermeidung und Reduzierung der Emissionen muss erste Priorität haben, bevor man an die Reduktion des Einflusses geht.

So müssen einige Wege vielleicht auch gar nicht zurückgelegt werden. Wir sind es einfach gewohnt, ohne darüber weiter nachzudenken, ins Auto zu steigen, und mal eben Eis oder Zigaretten zu kaufen, oder sonst etwas, das unserem Luxus dient und nicht wirklich sein muss. Allzu oft stellen wir unsere persönlichen und manchmal zweifelhaften Bedürfnisse über die der Allgemeinheit, in dem Fall des ganzen Planeten.
Dürfen wir das?

## Vom Wohnen und Putzen

In vielen unserer Häuser und Wohnungen ist von Bescheidenheit nur wenig zu sehen. Allein der Trend, immer größere Häuser zu bauen, vor allem seit die Finanzierungen dafür so günstig sind, tut der Umwelt nicht gerade gut. Größerer Wohnraum für die gleiche Anzahl Personen bedeutet pro Person mehr Ressourcen beim Bau, mehr Energie für Heizung und Beleuchtung, mehr Material für die Einrichtung, mehr Putzmittel für die Reinigung, etc. Letztendlich hat man doch nur mehr Platz für Unrat. Mir ist schon klar, dass das nur eine sehr oberflächliche Betrachtung ist und gerade die neu gebauten Häuser einen geringeren Energiebedarf pro Quadratmeter Wohnfläche haben. Aber der Gesamtbedarf wäre auch kleiner bei weniger Wohnfläche. Solltest du gerade den Kauf oder Bau eines Hauses planen, kannst du das ja in deinen Planungen bedenken.

Bei alten Häusern ist neben der Investition in eine moderne Heizung und Warmwasseraufbereitung auch die Isolation ein Thema. Dabei sind die Fenster und Türen, das Dach und die Wände die 3 großen Faktoren. Da dieses Thema aber, ebenso wie das Nachrüsten von Photovoltaik oder Solarthermie, alleine ganze Bücher füllen kann, möchte ich hier nur darauf hinweisen, aber nicht in die Tiefe gehen.
Das Thema Heizen gibt allerdings noch mehr her. Viele mögen es gerne schön warm, sie drehen die Heizung ordentlich auf und sitzen im Winter im T-Shirt in der Wohnung. Dabei verringert die Absenkung um 1°C den

Energieverbrauch um 6%. Ist es legitim, dass wir für den Luxus der Sommerkleidung im Winter die Umwelt übermäßig belasten? Ich denke nicht!
Es gibt natürlich auch die Fälle, wo ein Partner oder Familienmitglied ein ganz anderes Temperaturempfinden hat, als der oder die anderen. Da sollte dann ein Kompromiss her, es ist ja nicht Sinn der Sache, dass einer im Wintermantel am Esstisch sitzen muss.
Wer dann zum Wärmen den Kamin oder Kachelofen anheizt, sollte bedenken, dass damit dem Thema Feinstaub ordentlich Feuer gegeben wird. Ich kenne zumindest niemanden, bei dem dieser Rauch gefiltert wird. Dafür kenne ich aber Wetterlagen, wo man auf der Straße das Gefühl hat, direkt im Zug des Schornsteins zu stehen.

Ein weiterer wichtiger Punkt beim Heizen ist das Herunterregeln der Temperatur in der Nacht. Das kann man in Einfamilienhäusern zentral an der Heizung über die Zeitsteuerung regeln. In Mehrfamilienhäusern bieten sich intelligente Thermostate an, bei denen man für jeden Heizkörper einzeln die Zeiten einstellen kann.
Sind Räume längere Zeit gar nicht genutzt, so sollte der Thermostat auf * stehen.
Apropos einstellen, was bedeuten eigentlich die Zahlen auf dem Thermostat? Üblich ist eine Einteilung von 1-5. Dabei steht die 3 für eine Temperatur von ca. 20°C. Jede Stufe bringt eine Änderung von 3 – 4°, Stufe 4 also ca. 23 – 24°C. Es ist auch nicht nötig, eine höhere Stufe zu wählen als für die gewünschte Temperatur nötig. Die Heizung wird dadurch nicht schneller warm, sondern heizt nur länger und über den Zielbereich hinaus.

Wer heizt, sollte hin und wieder etwas Sauerstoff hereinlassen, also lüften. Zumindest gilt das bei älteren Gebäuden. Bei neuen Niedrigenergie-Häusern gelten zum Teil andere Regeln. Beim Lüften ist es wichtig, dass man kurz und kräftig lüftet, das sogenannte Stoßlüften, bei dem kurz die Fenster komplett aufgemacht werden. Ein langes Öffnen der Fenster in Kippstellung verschwendet lediglich Heizenergie. Wenn es zu warm wird, sollte nicht das Fenster geöffnet, sondern die Heizung heruntergeregelt werden.

Auch beim Mobiliar und der Einrichtung lässt sich viel im Sinne der Umwelt machen. Das ist zwar wieder ein Thema, mit dem man ein weiteres Buch füllen kann, aber ich will dir zumindest ein paar Anregungen geben. So gibt es grüne und nachhaltige Möbel, die schadstoffarm sind, sowohl im Herstellungsprozess als auch bei den verwendeten Materialien. Und auch hier gibt es die Möglichkeit, Stücke zu erwerben, die mit dem „Blauen Engel", also einem hochwertigen Umwelt-Siegel, ausgezeichnet sind. Das Holz sollte selbstverständlich mindestens FSC-zertifiziert sein. Es gibt aber rund ums Einrichten noch weitere gute Siegel, die als Wegweiser dienen. Einen interessanten Artikel aus der Zeitschrift „Brigitte" findest du im Anhang (Anmerkungen und Quellen, 31). Was für die Möbel gilt, ist auch auf die Materialien beim Renovieren zu übertragen. Und auch hier können Umweltzeichen wie der „Blaue Engel" helfen, die richtige Wahl zu treffen.

Im Sommer wohnen viele gerne nicht nur im Haus oder der Wohnung, sondern auch auf dem Balkon, der Terrasse oder im Garten. Herrlich, wie entspannend es sein kann, den Tag im eigenen kleinen Refugium zu genießen oder dort nach einem anstrengenden Tag am Abend zu entspannen.
Das ist umso schöner, wenn der Garten auch eine Öko-Zone ist. Chemie gehört da nicht rein und für die meisten Problemfälle gibt es eine umweltverträgliche und pflanzenbasierte Lösung.
Dazu sollte man eine Möglichkeit zum Auffangen des Regenwassers haben, damit man seine Pflanzen im Sommer auf die natürlichste Art vor dem Verdursten bewahren kann.
Besonders schön ist das Garten-Vergnügen, wenn wir es teilen. Und zwar mit den Tieren, denn es ist auch ihr Lebensraum. Ich denke besonders an die Vögel und Insekten, da sie es in unserer Welt immer schwerer haben. Helfen wir ihnen doch mit Nisthäusern und Insektenhotels, im Winter auch mit einem Futterhäuschen für die Vögel.
Die Insekten freuen sich besonders über Blüten, vor allem unsere Pollenverteiler, die Bienen. Gerade im Frühjahr, wenn noch nicht so viel blüht, ist jede Blüte eine willkommene Energiequelle. Zum Beispiel auch, oder besser gesagt besonders, der Löwenzahn. Gönnen wir den fleißigen Fliegern doch mal was. Für später gibt es natürlich die bunten Blumenmischungen. Optisch echte Hingucker und kleine Paradiese für die geflügelten Freunde.

„Erst die Arbeit, dann das Vergnügen". Wobei, es soll ja auch Menschen geben, für die Putzen ein Vergnügen ist. Ich gehöre nicht zu dieser Spezies. Insofern wirst du hier keine Experten-Tipps von mir bekommen. Außerdem geht es hier um Nachhaltigkeit und Umweltverträglichkeit, nicht um Sauberkeit. Das Gute ist, dass das Eine das Andere in keiner Weise ausschließt. Selbst wenn die chemische Industrie das nicht gerne hört, so kann man doch fast jede Verunreinigung mit natürlichen Mitteln beseitigen. Neben einigen anderen ist Essig für mich da ein sehr wichtiges Mittel, das selbst hartnäckigem Kalk relativ spielend den Garaus macht. Wenn du dich dazu genauer informieren möchtest, kann ich dir die Internetseiten von Utopia empfehlen, da gibt es für putzwütige Umweltaktivisten viele gute Tipps. Und mit der baumpflanzenden Suchmaschine „Ecosia.org" wirst du noch einige weitere gute Adressen finden.
Wenn du Spaß am Selbermachen hast, sind den Möglichkeiten keine Grenzen gesetzt, du findest im Internet viele Anregungen, wie du umweltschonende Reinigungsmittel selbst herstellen kannst und so sehr viel Verpackungsmüll einsparst.

So, jetzt darf nach getaner Arbeit doch noch mal im Garten das Vogelgezwitscher genossen werden!

## Energie – eine saubere Sache?

Der Strom kommt aus der Steckdose, riecht nicht und macht keinen Dreck. Eine rundum saubere Sache? Wohl eher nicht!

Und so dankt es die Umwelt, wenn wir diesem Thema etwas Zeit widmen. Der Anteil des grünen Stroms aus erneuerbaren Energien liegt in Deutschland bei über 40%. Das zeigt, dass sich viele schon damit beschäftig haben. Du auch?

Immerhin ist es mittlerweile sehr leicht, einen großen Teil seines Strombedarfs mit Ökostrom aus erneuerbaren Energien zu decken. Es sind momentan in den meisten Fällen keine 100%, da Windkraft und Sonnenenergie nicht rund um die Uhr und an allen Tagen zur Verfügung stehen. Und die anderen Formen, wie die Wasserkraft, Biomasse oder Strom aus Gezeiten- und Meeresströmungs-Kraftwerken, sind noch nicht ausreichend vorhanden. Aber da wird sich in den kommenden Jahren sicher noch viel bewegen. Ebenso bei den Möglichkeiten, überschüssige Energie zu speichern und dann abzurufen, wenn zu wenig produziert wird.

Auf jeden Fall lässt sich ein großer Beitrag für die Umwelt leisten, wenn man Ökostrom bezieht. Und auch wenn du keinen Ökostrom-Tarif hast, so bekommst du schon welchen, da im gesamten Stromnetz bei überschüssigem Angebot der grüne Strom den Vorrang hat. Du könntest aber einen wesentlich größeren Beitrag leisten und den Ausbau der erneuerbaren Energien nach vorne treiben, wenn du auf einen entsprechenden Tarif umstellst.

Allerdings ist nicht jeder Ökostrom gleich gut. So ist Strom aus Wasserkraft nicht uneingeschränkt zu empfehlen, da sehr oft mit nachhaltig negativen Folgen in die Ökosysteme der Flüsse eingegriffen wird und viele Fischarten so an den für sie lebenswichtigen Wanderungen gehindert werden. Darüber hinaus fördert nicht jeder Anbieter oder Tarif eine nachhaltige Entwicklung. Hier bieten wieder verschiedene Label eine gute Orientierung. Informationen dazu findest du im Anhang 2 unter „Energie".

Die Umstellung geht auch viel direkter, indem du eine eigene Photovoltaikanlage betreibst. Da dieses Thema, ähnlich wie Geothermie oder Solarthermie, aber sehr speziell ist und weniger zu den leicht in den Alltag zu integrierenden Maßnahmen zählt, gehe ich hier nicht näher darauf ein.

Neben dem Bezug des „richtigen" Stroms gibt es natürlich nach wie vor die Möglichkeit, den Verbrauch zu senken. Falls du dich fragst, ob das überhaupt noch nötig ist, wenn dein Strom schon aus erneuerbaren Quellen kommt, so ist die Antwort eindeutig: Ja! Wie schon zuvor erwähnt, ist zumindest bisher nicht ausreichend grüner Strom rund um die Uhr verfügbar. Die fehlenden Mengen werden durch herkömmlichen Strom, zum Beispiel aus Atom- oder Kohlekraftwerken, eingespeist. Je geringer die fehlenden Mengen, desto weniger Klimakiller-Strom. Oder andersherum, wenn mehr Ökostrom bereitsteht, als nachgefragt wird, wird dieser anstatt des herkömmlichen Stroms eingespeist, da das wie schon erwähnt, vom

Gesetz für erneuerbare Energien so vorgeschrieben wird. Es macht also weiterhin Sinn, den Stromverbrauch zu reduzieren. Außerdem schont es den Geldbeutel und so werden Mittel frei, die du für andere ökologisch sinnvolle Dinge einsetzen kannst.

Der einfachste Weg, möglichst viel Strom einzusparen ist sicher, keinen zu benutzen. Damit meine ich nicht, komplett darauf zu verzichten. Aber wenn ich darauf achte, ihn nicht zu benutzen, wenn ich ihn nicht brauche, ist das schon ein guter Schritt. Das mag zunächst unlogisch klingen. Aber wie oft lassen wir das Licht an, obwohl wir den Raum für längere Zeit verlassen? Wir sollten alles abschalten, was wir nicht benötigen und in der Zeit dafür eben keinen Strom benutzen.

Da mittlerweile die Meisten auf Energiespar-Lampen oder sogar LEDs umgestellt haben dürften, ist das unnötig brennende Licht wohl eher das kleinere Übel im Vergleich zum Fernseher, der das leere Sofa unterhält oder einer Stereoanlage, der niemand zuhört.

Zum Licht sei noch erwähnt, dass es keinen Sinn macht, es auszumachen, wenn man nur kurz den Raum verlässt, da der Einschaltvorgang einen höheren Energiebedarf hat und die Lampe dadurch altert, auch wenn dieser Effekt längst nicht mehr so stark ist wie früher bei den Glühlampen.

Ein weiterer Bereich, in dem Strom unnütz verpufft, ist der Stand-by. In dieser Betriebsbereitschaft verbraucht jedes Gerät Strom, damit das Signal der Fernbedienung empfangen werden kann oder der Monitor sofort ein Bild zeigt, sobald der Computer eingeschaltet wird oder seinerseits aus dem Ruhezustand erwacht.

Was aber, wenn die ganze Nacht niemand die Fernbedienung benutzen wird? Oder sicher am Wochenende niemand am Arbeitsplatz den Rechner starten wird?
Die Berechnungen des Einsparpotentials beim Stand-by sind umstritten. Theoretisch ließe sich ein Kernkraftwerk mit 11 Milliarden kWh Jahresleistung einsparen. Dafür müssten wir dann aber konsequent alle Geräte vom Strom trennen, wenn wir sie nicht nutzen. Das ist wohl eher unrealistisch.
Aber wenn jeder ein Viertel seiner Geräte komplett abschaltet, wäre doch schon ein großer Schritt für die Umwelt getan. Und zum Abschalten eines älteren Kohlekraftwerks würde es locker reichen.

Schauen wir uns noch die tatsächliche Benutzung an, denn dafür haben wir die Geräte schließlich. Wichtig ist dabei die Energieeffizienzklasse. Die Klassen helfen bei der Orientierung und bei alten Geräten macht es schnell Sinn, für die Umwelt und den Geldbeutel, diese durch neue Geräte mit einer Bewertung im Bereich A zu ersetzen. Die noch aktuellen Bewertungen mit A+ bis A+++ wird es zukünftig nicht mehr geben.

Energie ist nicht nur Strom. Für unseren täglichen Bedarf sind neben dem Strom sicher Öl und Gas die maßgeblichen Mitspieler. Für Umweltbewusste fällt Öl allerdings eher aus. Es wird zwar zum Teil ein Bio-Heizöl beworben, allerdings wird dann pflanzliches Öl beigemischt, meist Rapsöl oder, du ahnst es vermutlich schon, Palmöl. Die Frage, wie nachhaltig das ist, kannst du mittlerweile selbst beantworten.

Beim Gas sieht es etwas besser aus. Ein Teil des Ökogas-Angebotes stammt aus Biomasse. Das ist vor allem dann gut, wenn diese Biomasse durch Vergärung aus organischen Reststoffen, also Abfällen, entsteht und eben keine, zum Beispiel noch als Futter verwendbaren, Mittel einsetzt oder gar Gülle aus der Massentierhaltung.
Eine andere umweltfreundliche Innovation zur Entlastung des Klimaeffekts ist die Möglichkeit, überschüssigen Ökostrom zu nutzen, um im Elektrolyse-Verfahren Wasser in Wasserstoff und Sauerstoff zu trennen. Der Sauerstoff wird der Luft zugeführt, der Wasserstoff in das Erdgas-Netz eingespeist. So wird der fossile Brennstoff Erdgas zumindest teilweise durch einen erneuerbaren Energieträger ersetzt. Und das bei gleicher Funktion.

Ja, es lässt sich beim Strom und auch bei den Energien einiges bewegen für das Klima und den Schutz der Natur. Und es sind wieder einmal, wie so oft, unsere Gewohnheiten, die es zu überwinden gilt, damit die Erde in eine gesunde Zukunft schauen kann.

## Kleidung und Waschen

Wieder ein wichtiges Thema, dem man besser Beachtung schenkt, wenn einem der Weg zu mehr Nachhaltigkeit wichtig ist.
Unsere Kleidung ist für viele ein Modeobjekt und damit schon fast zum Wegwerfprodukt verdammt. Die Trends wechseln häufig und manches Kleidungsstück ist ruck-zuck schon wieder out und überflüssig – also bereits nach wenigen Malen Tragen. Große Mengen dieser „Fast Fashion"-Ware ist sogar schon wieder out, bevor sie verkauft werden konnte. Und so landen riesige Mengen auf dem Müll, ohne je getragen worden zu. Es lebe die Wohlstands-Wegwerf-Gesellschaft.
Wohl dem, der diesen Trends nicht folgt und dazu noch auf Qualität setzt, die ein paar Jahre hält. Damit tut man der Umwelt einen riesigen Gefallen.

Schauen wir uns dazu mal ein T-Shirt an. Man kann es teilweise schon für wenige Euro erwerben. Aber man kann sich auch sehr leicht vorstellen, dass ein Shirt für fünf Euro nicht nachhaltig sein kann. Im Gegenteil. Es fängt damit an, dass die Baumwolle sicher aus konventionellem Anbau stammt. Eines der größten Anbauländer ist Usbekistan. Dort werden Kinder, aber auch Erwachsene, zur Zwangsarbeit bei der Ernte herangezogen. Außerdem kommen große Mengen Pestizide zum Einsatz. Vom Anbau auf dem Feld über das Färben bis zum fertigen Kleidungsstück werden bis zu 2000 Liter Wasser benötigt. In Usbekistan wird das Wasser zur Bewässerung meist den Flüssen oder dem Grundwasser entnommen. Das macht zum Beispiel dem Aralsee schwer zu schaffen, dessen Fläche stetig schwindet. 2015 waren nur noch 12% der Oberflächen-ausdehnung von 1960 übrig.

Da ist ein T-Shirt aus Bio-Baumwolle sicher die bessere Wahl. Allein schon, weil „nur“ rund 1000 Liter Wasser benötigt werden und die chemische Belastung deutlich geringer ist.
Mir ist es dazu ein Graus, wenn ich bedenke, dass andere Menschen zu Arbeit unter schlimmsten Bedingungen gezwungen werden, nur damit ich ein billiges Kleidungsstück habe, das ich ein paar Mal anziehe und alsbald entsorge, weil es nicht mehr im Trend ist.
Da verzichte ich gerne auf manche modische Richtung, trage meine Kleidung so lange wie möglich und achte beim Kauf auf nachhaltig angebaute und produzierte Ware. Laut WWF sind 15% der weltweiten Baumwolle aus nachhaltigem Anbau. Das können wir doch noch steigern, oder?

Wenn du dich näher mit dem Thema beschäftigen möchtest, findest du im Internet viele Quellen. Ich fand die Seiten des WWF, Aethic und Greenpeace sehr informativ. Bei Aethic kann man sich die verschiedenen Stationen der Produktion und die Kosten-zusammensetzung anschauen. Beim WWF gibt es unter anderem Informationen zur Nachhaltigkeit von verschiedenen Siegeln, ebenso bei Greenpeace, wo man dazu noch einen insgesamt sehr abgerundeten Einkaufs-ratgeber findet (Anmerkungen und Quellen, 32.).

Einige andere Materialien für die Herstellung von Kleidung sind ebenfalls bedenklich. Über die Mikrofasern, die sich bei Kleidung aus Kunstfasern lösen, habe ich ja bereits im Kapitel zum Mikroplastik berichtet.
Weitere Möglichkeiten sind Wolle und Leder. Veganer meiden diese und ich muss sagen, dass es dafür gute Gründe gibt. Die Tiere, die ihre Haut hergeben, haben nicht besser gelebt als die, deren Fleisch wir essen. Es sind ja zum Teil dieselben.
Oft kommt Leder, vor allem, wenn es billig ist, aus Asien und somit sind europäische Standards fern. Wer denkt, dass es die Tiere hier in Deutschland oder Europa schon schlecht haben und sie grausam geschlachtet werden, sollte bedenken: schlimmer geht immer. Details möchte ich dir hier ersparen, aber du findest diese leicht im Internet.
Und auch in Bezug auf die Umwelt und die eigene Gesundheit ist man in Asien weniger zimperlich. So wird dort mit viel Chemie und oft auch noch mit Chrom gegerbt. In Europa ist dieses giftige Schwermetall schon längst verboten, beziehungsweise wird die Nutzung gerade ausgesteuert. Für die Arbeiter, die in den asiatischen Gerbereien, zum Beispiel in Bangladesch, arbeiten, heißt der Umgang mit den Chemikalien nichts Gutes, da wichtige Sicherheitsvorkehrungen fehlen. Und wohin die belasteten Abwässer wandern, kannst du dir sicher auch vorstellen. Das ist nicht zwangsläufig so, aber sicher noch sehr oft.
Es lohnt sich also, beim Hersteller zu prüfen, ob dieser auf die Einhaltung der Nachhaltigkeits-Standards bei seinen Lieferanten achtet. Ein paar Stichproben gängiger

Schuhhersteller haben gezeigt, dass man diese Auskünfte dort bekommt. Und im Internet-Zeitalter sind diese Informationen mit wenigen Klicks zu finden.

Wolle, da denkt man ja zunächst an ein nachhaltiges Naturprodukt. Kann sie ja durchaus auch sein. Leider geht es den Schafen, die dafür herhalten müssen, oftmals ziemlich dreckig. Besonders beim Scheren. Es muss schnell gehen und so wird alles andere als zimperlich mit den Tieren umgegangen. Nicht selten fließt dabei Blut. Auch hierzu findest du bei Interesse im Internet Filme, die mit versteckter Kamera gefilmt wurden. Warum die Arbeiter ihren Frust an den Tieren auslassen? Die können sich eben am wenigsten wehren. Dabei würden die Tritte eher den Verbrauchern gebühren, die mit ihren Käufen diese Zustände, inklusive der schlechten Arbeitsbedingungen, billigen oder sogar noch fördern.

Generell kann man festhalten, dass Billigware in jedem Fall Leid erzeugt. Entweder sind es die Menschen, die unter schlimmsten Bedingungen ernten oder nähen. So ist sicher noch jedem der Brand in der Bekleidungsfabrik in Bangladesch mit seinen verheerenden Folgen in Erinnerung. Oder es sind die beteiligten Tiere, als Rohstofflieferant, und natürlich die Umwelt.
Daher ist es enorm wichtig, möglichst Bioqualität mit entsprechenden Siegeln zu kaufen (Näheres dazu findest du im Anhang). Billiger Bio-Ware sollte man aber auch nicht uneingeschränkt vertrauen, da geht es zum Beispiel den Schafen beim Scheren nicht zwangsläufig besser.

Was auf jeden Fall Sinn macht, ist, gute Qualität zu kaufen, die lange hält. Denn jedes neue Kleidungsstück ist in irgendeiner Form eine Belastung der Umwelt, die einen mehr, andere weniger.

Ein Material, zu dem ich bisher nichts Nachteiliges finden kann, ist Hanf. So es denn Bio-Qualität ist. Hanf ist eine vielseitige Nutzpflanze, die nicht nur in der Medizin bisher weit hinter ihren Möglichkeiten bleibt. Jeder denkt wohl zunächst an Hanf als Rauschmittel, aber Nutzhanf wird zukünftig auch einen Einsatz als Plastik-Ersatz haben und bietet hervorragende Möglichkeiten als Material für Kleidung. Hanf wächst schnell und ist sehr genügsam, ist gut für den Boden und unterdrückt das Wachstum von Unkraut, so dass der Einsatz von Düngern und Pestiziden nicht notwendig ist. Wirklich schade, dass er als Nutzpflanze so verdrängt wurde. Hoffentlich ändert sich das bald wieder, so dass der Hanf auch in der Bekleidungs-Industrie seine angemessene Bedeutung erlangt.

Leider kommt jedes noch so gute Stück irgendwann ans Ende seiner Nutzbarkeit. Was dann? Ist es wirklich gar nicht mehr zu retten, bleibt nur der Altkleider-Container. Ansonsten, wenn es doch noch tragbar ist, dir nur nicht mehr gefällt, könntest du schauen, ob es in deiner Nähe Kleiderkammern gibt, die es direkt an Bedürftige, zum Beispiel Obdachlose oder Flüchtlinge, verteilen.
Eine weitere gute Möglichkeit für noch tragbare gute Altkleider ist die Deutsche Kleiderstiftung, die seit Jahrzehnten als gemeinnütziger Verein Kleidung sammelt

und an Bedürftige verteilt (Anmerkungen und Quellen, 33).
Wenn es in den Container wandert, wird auch da in der Regel geschaut, ob es noch tragbar ist. Falls ja, geht es in arme Länder, zum Beispiel in Afrika. Das ist einerseits sinnvoll, beeinträchtigt aber auch die lokale Textilindustrie.
Wenn die Kleidung gar nicht mehr brauchbar ist und auch keine Putzlumpen daraus gemacht werden können, geht es zur Verwertung, in den meisten Fällen nach Indien. Dort wird es nach Material sortiert. Stücke mit hohem Wollanteil oder aus Kaschmir gehen dann zur Verwertung sogar nach Europa zurück. Andere werden vor Ort zerkleinert und so entstehen zum Beispiel Decken, unter anderem für den Einsatz in Katastrophengebieten weltweit.
Auch wenn demnach viele unserer alten Kleider noch einen Zweck erfüllen und auf verschiedenste Weise eine neue Bestimmung finden, sind doch die folgenden Punkte die besten Garanten für einen nachhaltigen Ansatz:

- die Kleidung möglichst lange tragen
- Schäden wenn möglich selbst reparieren oder in der Schneiderei reparieren lassen
- Fair Fashion: beim Neukauf auf Bioqualität und Nachhaltigkeitssiegel achten
- gute und lang haltende Qualität kaufen
- den Kauf im Second-Hand Laden erwägen
- Dinge, die einem nicht mehr gefallen, aber noch gut sind, entweder einem Second-Hand Laden

übergeben, selber verkaufen oder an eine Kleiderkammer geben.

Vieles davon war früher selbstverständlich. Leider sind wir inzwischen zu einer Wegwerfgesellschaft geworden. Aber den Trend können wir bestimmt umkehren. Die Natur wird es uns danken!

Diese Anregungen, genau wie die Folgenden, sind natürlich für alle Textilien, also auch für Handtücher oder Bettwäsche, gültig.

Wenn es um Kleidung und Textilien geht, gehört das Waschen unbedingt dazu. Aus ökologischer Sicht gibt es auch hier einiges falsch zu machen.
Dabei spielt das Waschmittel eine große Rolle. Viele herkömmliche Produkte enthalten Tenside, die auf Basis von Erdöl hergestellt sind. Dazu kommen optische Aufheller, Chemie pur. Mit diesen Zutaten werden unsere Gewässer belastet, obwohl das weitgehend unnötig ist. Es gibt einige sehr gute Waschmittel, die ohne belastende chemische Zutaten auskommen und auf rein pflanzlichen Stoffen basieren. Wenn du diese noch nicht verwendest, gib ihnen doch bitte eine Chance.
Pulver oder flüssig? Neben der Tatsache, dass die Inhaltsstoffe in Flüssigwaschmitteln in der Regel höher dosiert sind als Pulver, sind sie dazu in der Verpackung weniger umweltfreundlich, da in Plastik. Pulver ist dagegen meistens im Karton erhältlich und sollte den Vorzug erhalten.

Eine Möglichkeit zum genaueren Dosieren bieten Baukastensysteme, bei denen Grundwaschmittel, Entkalker und Fleckensalz separat zugegeben werden. Vor allem, wenn man wie ich in einer Gegend mit sehr kalkhaltigem Wasser wohnt, ist das sehr sinnvoll. Bei einem normalen Waschmittel muss ich ansonsten ja von allem mehr nehmen, nicht nur vom Entkalker. Dazu kommt sozusagen als Gegenteil des Baukastens die XXL Packung. Sie suggeriert, dass man viel Waschmittel für sein Geld bekommt. Tatsächlich sind sie aber mit Füllstoffen versehen, damit es nach viel aussieht. Waschaktiv sind diese Natriumsulfate nicht, dafür aber umweltschädlich. Warum sowas überhaupt erlaubt ist? Die Frage drängt sich auf, eine sinnvolle Antwort kann es darauf nicht geben!
Generell ist das Dosieren ein wichtiger Punkt beim umweltgerechten Waschen. Das Motto „Viel hilft viel" ist auf jeden Fall kein guter Ansatz.

Wenn man sehr direkt auf die Kraft der Natur setzen möchte, kann man auch mit Kastanien oder Efeu waschen. Beides lässt sich, je nachdem, wo du wohnst, relativ leicht selbst sammeln. Wer es bequemer mag, bekommt im Bioladen auch Waschnüsse oder Waschmittel daraus. Aber Achtung, Waschnüsse sind nicht unbedenklich, da diese aus Indien stammen. Sie sind dann für die Einheimischen nicht mehr verfügbar oder zu teuer. So greifen die Menschen dort als Ersatz zu herkömmlichem Waschmittel. Ein ähnlicher und negativer Effekt wie beim Quinoa aus den Anden.

Das Energiesparen ist bei der Wäsche ebenfalls ein Thema. Neben einer sparsamen Waschmaschine ist es wichtig, möglichst voll beladen zu waschen, ein der Aufgabe angemessenes Programm zu wählen und bei 30 oder 40° zu waschen. Selten sind unsere Klamotten so schmutzig, dass es 60 oder sogar 95° sein müssen.

Eine weitere mögliche Komponente beim Waschen ist der Weichspüler. Allerdings ist es eine, die man besser weglässt, da mit herkömmlichem Weichspüler weitere Chemikalien ins Abwasser gelangen. Dem Ziel, saubere Wäsche zu haben, steuert er nichts bei. Und das Aufweichen lässt sich auch mit einem Schuss Essig im Weichspül-Fach erreichen. Der Geruch des Essigs ist nach dem Trocknen weg und die Wäsche riecht neutral und ist weich. Wer es unbedingt etwas duftig mag, kann mit ein paar Tropfen ätherischen Öls einen guten Effekt erzielen.
Nun ist die Wäsche nass und sollte irgendwie trocknen. Wie könnte das umweltfreundlicher gehen, als mit Sonne und Wind?
Ein Trockner dagegen ist weniger zu empfehlen. Wenn er zumindest mit Ökostrom gefüttert wird, mag der laufende Betrieb akzeptabel sein. Bei Herstellung und Transport ist aber schon viel CO2 entstanden. Andererseits kann er helfen, die Wäsche einigermaßen glatt zu bekommen, ohne sie zu bügeln, was die Ökobilanz des Trockners wieder etwas verbessert.
Wie du siehst, es gibt rund ums Waschen doch eine Menge Möglichkeiten, etwas für die Umwelt zu tun.
Es wäre schön, wenn du einige umsetzen kannst.

Abschließend noch eine Anregung: häufiges Waschen tut dem Kleidungsstück, den Handtüchern oder der Bettwäsche, ebenso wenig gut wie der Umwelt. Und die wenigsten Klamotten müssen nach einmaligem Gebrauch schon in die Waschtrommel! Oft reicht es, das Kleidungsstück ordentlich zu lüften, vor allem Hosen oder Pullover.

## Sport und Freizeit

Leider ist auch der Sport etwas, das unserer Natur ganz ordentlich zusetzen kann. Das trifft sicher nicht auf Sport allgemein zu, sondern bezieht sich auf bestimmte Sportarten.

Da gibt es die, die der Umwelt ganz offensichtlich nicht guttun. Logisch, dass alle Motorsportarten dazu gehören. Sport sollte gänzlich ohne Motorisierung auskommen. Ansonsten ist es bestenfalls eine motorisierte Freizeitbeschäftigung. Ausklammern möchte ich hier die E-Bikes oder besser gesagt Pedelecs, also die Fahrräder mit unterstützendem Elektromotor bis 25 km/h. Zwar sollte man auch hier bedenken, ob man diese Unterstützung benötigt, schließlich kommen die guten Stücke mit einem ordentlich gefüllten ökologischen Rucksack. Die Herstellung von Motor und vor allem der Batterie verbrauchen schon eine Menge Ressourcen. Aber für viele Menschen ist es eine Möglichkeit, sich weiter sportlich zu betätigen und am Leben in der Natur teilzuhaben. Wenn der Akku dann mit Öko-Strom betankt wird, ist das für die, die gehandicapt sind oder nicht mehr genug eigene Kraft haben, eine großartige Sache.

Sehr beliebte Sportarten sind Joggen und Nordic Walking. Auf den ersten Blick wohl unbedenklich. Wenn man aber erst mit dem Auto zu seiner Lieblingsstrecke fährt, ist es schon nicht mehr so harmlos. Nicht jeder hat schöne Strecken direkt vor seiner Haustür und auch keinen Bus oder eine Straßenbahn, die einen dorthin bringt. Wenn man das Auto dafür bemüht, sollte man sich dessen und des negativen Umwelteinflusses aber bewusst sein. Stark verbessern kann man die Bilanz, indem man „Plogging“ statt Jogging betreibt. Diese Initiative bedeutet, dass man beim Joggen einen Sack dabeihat und Müll sammelt. Ich finde, dass das eine tolle Idee ist, auch wenn ich selber lieber beim Hundespaziergang Müll sammle.

Zum Sport gehört meistens dazu, dass man hinterher duscht. Es soll ja Menschen geben, die das scheuen, vor allem in Gemeinschaftsduschen. Da ich mit Fußballspielen im Verein groß geworden bin, ist das für mich gar keine Frage. Aber eine Frage, die ich mir manchmal stelle, ist, warum man für einen Männerkörper so viel Duschgel nehmen muss, als gäbe es einen Blauwal zu schrubben. Oder für dreieinhalb Haare eine Portion Shampoo, die für die prächtigste Löwenmähne reichen würde. Männer, etwas mehr Realitätssinn bitte. Das mit den dreieinhalb Haaren setzt sich dann gerne noch vor dem Spiegel fort. Mit dem Fön bewaffnet, werden diese dann minutenlang bearbeitet, selbst wenn schon lange alles trocken ist. Brust- und Rückenbehaarung dürfen auch nicht fehlen. Und es geht noch mehr, behaart oder nicht, das mit Warmluft trockengelegt werden muss, aber das überlasse ich jetzt mal lieber deiner Fantasie. Oh Mann, ob das noch männlich ist? Die Frage darfst du dir selbst beantworten, wenn du ein Mann bist. Ressourcenschonend ist es auf jeden Fall nicht!

Zum Skifahren. Es ist zwar nicht für jeden Sport, sondern fällt wohl bei Manchen in die Kategorie „Sehen und gesehen werden“, aber der Effekt ist der Gleiche. Für die Pisten sind nicht selten Wälder gerodet worden und das Präparieren der Hänge geht auch nur unter Einsatz von schwerem Gerät. Dazu bleibt aufgrund des Klimawandels oft der Schnee weg. Dieser wird dann sehr aufwendig künstlich erzeugt, was wiederum ressourcentechnisch den Klimawandel befeuert. Ein verrückter Kreislauf.

Auf der Hütte darf es bei der Einkehr an nichts fehlen, so dass die Logistik für Speisen und Getränke ebenfalls den ökologischen Fußabdruck der Skifahrer stark beeinflusst. Und für die Wildtiere ist der Einfall der Touristenmassen in ihre Bergwelten gleicherweise sehr belastend. Auch wenn die meisten keinen Winterschlaf halten, so haben sie einen energieschonenden reduzierten Stoffwechsel, da sie im Winter nicht so viel Futter finden. Wenn sie dann ständig vor Skifahrern und Schneeschuh-Wanderern flüchten müssen, könnte es eng werden.

Die Anreise mit dem Auto rundet das problematische Bild ab.

Es gibt Alternativen und in vielen Orten wird sowohl bei den Unterkünften als auch Liftbetreibern auf Nachhaltigkeit geachtet. Vielleicht berücksichtigst du das, bevor du den nächsten Skiurlaub buchst?

Interessante Anregungen dazu bietet eine Webseite des WWF (Anmerkungen und Quellen, 34.).

Bei den Freizeitaktivitäten sind die Chancen, sich umweltschädlich zu verhalten, quasi endlos. Alles, was einen Motor benötigt, sollte man möglichst vermeiden für die Gestaltung von Hobby und Freizeit. Aus reinem Zeitvertreib Motorrad zu fahren oder vom Motorboot gezogen auf Skiern über das Wasser zu gleiten? Ja ich weiß, das mach viel Spaß. Aber… der Natur schadet es trotzdem.

Generell denke ich, dass wir es dem Planeten schuldig sind, unsere Handlungen bewusst zu tun. Wenn es unverzichtbar für jemanden ist, eine nicht ganz so umweltfreundliche Sportart zu machen, sollte irgendwo im Leben dieser Person ein Ausgleich da sein. Ein gesundes Maß an Eigenverantwortung ist gefordert, um Verantwortung für die Erhaltung der Natur zu übernehmen.

## Smartphones versus Gorillas

„Hey, alles klar? Wow, was hast du denn da?"

*„Hi! Mein neues Smartphone, ist gerade erst auf den Markt gekommen. Ich hatte es schon vor längerem reserviert, damit ich es gleich nach Erscheinen bekomme."*

„Okay. Aber dein Altes war doch noch ziemlich neu. Warum brauchst du schon das Nächste?"

*„Naja, das war immerhin schon anderthalb Jahre alt. Und bei dem Neuen ist die Kamera viel besser und der Akku läuft länger. Außerdem ist es viel schneller."*

„Das verstehe ich trotzdem nicht. So viel besser als das Alte ist es doch auch nicht. Was machst du mit dem Alten?"

*„Keinen Plan. Im Moment liegt es zuhause rum. Wie sein Vorgänger auch."*

„Echt? Das ist schlecht. Weißt du denn nicht, dass dafür Gorillas sterben? Verkauf es doch wenigsten, damit es noch ein Anderer nutzen kann!"

*„Spinnst du? Wieso stirbt ein Affe, wenn ich mir ein neues Handy kaufe?"*

So oder ähnlich könnte eine Unterhaltung stattfinden, täglich vielfach und überall auf der Welt. Und leider ist es keine Spinnerei, dass der Lebensraum der Gorillas massiv zerstört wird, um den steigenden Bedarf nach Elektronik zu stillen.

Der Grund dafür ist Coltan, aus dem Tantal gewonnen wird. Ein wichtiger Rohstoff für Kondensatoren und in vielen elektronischen Produkten enthalten. Die Vorkommen dieses seltenen Materials sind unter anderem in den Wäldern von Ruanda und der Demokratischen Republik Kongo, der Heimat der Gorillas.
Es trifft auch hier einen unserer ganz nahen Verwandten und ähnlich wie beim Palmöl sind unser Wohlstand und unsere Gier nach Konsum ein Grund für die Bedrohung wundervoller Lebewesen.

Aber es ist nicht nur für die Wälder und dort lebenden Primaten ein Desaster. Coltan ist wie einige andere seltene Erze ein Konfliktmineral, man findet auch den Begriff Blutmineral. Der Krieg im Kongo ist zwar beendet, aber bis heute gibt es im Osten bewaffnete Konflikte, in Ruanda ebenfalls. Dabei spielen die Minen eine wichtige Rolle, da mit dem Erlös der teuren Rohstoffe Waffen finanziert werden. Somit geht es auch um das Leben vieler Menschen. Dass der Schutz der Nationalparks und seiner Bewohner unter diesen Umständen zu kurz kommt ist nur allzu verständlich.
Fast überflüssig zu erwähnen ist, dass die Arbeitsbedingungen in diesen Minen alles andere als gut oder sicher sind. Und leider ist es auch sehr wahrscheinlich, dass an der Elektronik, die wir dann in unseren Händen halten, Kinderarbeit und Sklaverei einen traurigen Anteil hat. Auch wenn es darum in dem Buch nicht geht, so ist es für mich ein Unding, dass wir unseren Wohlstand und Luxus auf dem Leid anderer aufbauen. Traurigkeit, Wut und Verzweiflung kommen in mir hoch, wenn ich darüber

nachdenke. Zum Thema Menschrechte, Gemeinwohl und sozialer Nachhaltigkeit hat die Menschheit einen riesigen Nachholbedarf.

Die meisten renommierten Hersteller von Smartphones und sonstiger Elektronik kaufen mittlerweile keine Rohstoffe aus Konfliktregionen, das ist weder gut für das Image noch passt es zur ihren Ethikrichtlinien. Ob es da aber eine hundertprozentige Transparenz gibt, darf angezweifelt werden.
Noch fragwürdiger ist aber sicherlich, aus welchen Quellen das Material für die ganze Billigware kommt, unter anderem Spielzeug, wie die gerade sehr gefragten Drohnen. Da fragt man sich zum Teil sowieso, wie das für so niedrige Preise gewinnbringend hergestellt werden kann. Und man sollte so oft wie möglich zu dem Schluss kommen, dass weniger auch mehr sein kann, um nicht zu noch mehr Leid auf der Welt beizutragen.

Wie schon in dem kurzen Dialog zu lesen, ist es ein wichtiger Beitrag für die Umwelt, seine alte Elektronik weiter zu verkaufen, sofern sie noch funktionsfähig ist. Je länger die Geräte genutzt werden, umso mehr hat sich die Ausbeutung der Erde „gelohnt“ und umso weniger müssen kritische Ressourcen aus der Erde gebuddelt werden.
Wenn das Teil dann doch endgültig aufgibt, ist die richtige Entsorgung entscheidend. Da gibt es gerade für Telefone den bequemen Weg, diese kostenlos per Post an einen Verwerter zu schicken. Hinweise dazu findest du am Ende des Buches in den Tipps von A-Z bei „Elektroschrott“.

Zum „endgültigen Aufgeben“ fällt mir noch ein, dass Hersteller dringend dazu verpflichtet werden sollten, die Geräte reparierbar zu designen und auch kein künstliches Verfallsdatum einzubauen.

Wenn du dir in absehbarer Zeit ein neues Gerät kaufen möchtest, hilft dir vielleicht der „Guide to Greener Electronics 2017“ von Greenpeace (siehe Anmerkungen und Quellen, 35.). Er bietet gute Orientierungshilfen, wenn dir fair und möglichst umweltschonend produzierte Elektronik wichtig ist.

## Einkaufen – Werbung – Überfluss

Du weißt es schon, das Einkaufen gibt dir Macht, mitzuentscheiden. Es ist das, was wir kaufen, womit wir sehr großen Einfluss darauf nehmen, wie nachhaltig die Waren in der Welt produziert werden. Darauf bin ich ja zuvor schon einige Male eingegangen.
Aber wie ist es mit den Dingen, die wir nicht einkaufen? Die wir einfach im Laden liegen lassen? So reduziert sich die Nachfrage nach diesen Produkten und sie werden zukünftig weniger hergestellt.
Mir fallen da spontan die 1€-Shops ein, wo diese Herangehensweise besonders sinnvoll ist. 99% der Waren dort dürften dem Gegenteil von Nachhaltigkeit entsprechen und sicher ist auch ein sehr großer Anteil einfach überflüssig.
Aber auch in jedem anderen Laden ist es sinnvoll, sich vor der Kaufentscheidung drei Fragen zu stellen:

- Brauche ich das wirklich?
- Ist es nachhaltig hergestellt?
- Ist es eine gute und langlebige Qualität?

Wenn du dazu dreimal ein Ja als Antwort geben kannst, sollte dem Kauf nichts im Wege stehen. Wenn dem aber nicht so ist, macht es Sinn, vom Kauf abzusehen oder ihn zumindest zu vertagen und noch einmal über die Notwendigkeit nachzudenken.
Ja ich weiß, das ist manchmal nicht leicht. Und die Verführung lauert überall. Nicht nur in den Läden, sondern auch oder besser vor allem zuhause, denn online ist alles rund um die Uhr erreichbar und es wird bequem nach

Hause gebracht. Also immer schön an die drei Fragen denken!
Was dies noch erschwert, ist die Werbung. Tolle Fernsehspots suggerieren, dass man unbedingt etwas Neues braucht. Oder die Prospekte, die ständig im Briefkasten landen. Man kann sie natürlich dafür verwenden, Schnäppchen in den Angeboten zu finden. Nicht immer leicht, denn längst nicht alles, was als vermeintliches Angebot daherkommt, ist auch tatsächlich eins. Allzu oft bringen uns die Prospekte erst auf die Idee, dass wir etwas brauchen könnten. Wir kaufen also etwas, von dem wir vorher gar nicht wussten, dass wir es brauchen. Und schon wurde der Planet unnötig gebeutelt, weil wir Ressourcen verschwendeten für einen Zweck, der gar keinen notwendigen Zweck erfüllt. Es wird lediglich unser Überschuss an Überfluss erhöht. Sehr schade!

Wenn du dich dann entschieden hast, hoffentlich wohl überlegt, und dir etwas kaufst, geht es noch um das Einpacken und den Transport. Zum Glück tut sich bei dem Thema gerade sehr viel und immer mehr Menschen haben ein Bewusstsein dafür, dass Plastiktüten eine sehr schlechte Wahl sind. In vielen Ländern wurden sie sogar schon verboten. Schade, wenn das eigene Land da zur Rückständigkeit neigt. Ich finde, es ist wirklich nicht zu viel verlangt, dass man sich vor dem Einkaufen Gedanken macht und eine Tasche mitnimmt.
Der Transport und die Verpackung spielt natürlich auch beim Online-Einkauf eine große Rolle. Da die Händler Standardgrößen für die Versandkartons verwenden, wird

oft sehr viel Luft transportiert, was den Bedarf an Material deutlich erhöht. Die Umweltbilanz des Onlineshoppings kann trotzdem gut sein. So ist diese Variante schnell im Vorteil, wenn ich ansonsten kilometerweit mit dem Auto führe, um ein Teil einzukaufen. Wenn allerdings bei der Zustellung der im Internet gekauften Ware mehrere Versuche des Paketboten nötig sind, weil der Empfänger nicht zuhause ist, verringert sich der Vorteil schnell wieder. Gleiches gilt, wenn man sich viele Dinge oder verschiedene Größen quasi zur Ansicht schicken lässt und einen Teil wieder zurücksendet. Ganz kritisch wird es, wenn diese Retouren dann vernichtet werden, anstatt wieder in den Verkauf zu gehen. Wie kürzlich aufgedeckt wurde, ist das eine gängige Praxis bei einem großen Versandhändler. Mir fehlen dazu die Worte.

Es gibt noch weitere Faktoren, die uns Dinge kaufen lassen, die wir nicht wirklich brauchen. Und die können durchaus größeren Ausmaßes sein und über Handys und andere Elektronik bis hin zu Autos gehen. Nicht selten ist da Neid im Spiel. Oder das Ego, das einem vorgaukelt, dass man etwas unbedingt benötigt.

- Max hat schon das neueste Smartphone. Das will ich auch!
- Der Nachbar hat ein größeres Auto, da kommt man sich schnell minderwertig vor.
- Schmidts fliegen schon zum dritten Mal dieses Jahr in den Urlaub. Wollen wir wirklich bloß wieder in den Schwarzwald?

Warum gönnen wir anderen nicht einfach, ohne zu bewerten und ohne ein Gefühl des Neids? Unser Glück liegt nicht im Konsum und auch nicht daran, mit anderen gleichzuziehen. Glück lässt sich nicht mit materiellen Errungenschaften erlangen. Es ist eher das Gegenteil der Fall, da wir nach einem Kauf, der das Glück bringen soll, schnell nach dem nächsten Objekt Ausschau halten. Diese vermeintliche Form des Glücks ist eine gefährliche Spirale. Nicht nur für das eigene wahre Glück, sondern auch für den Planeten, da mit dieser Spirale eine enorme Ressourcen-Verschwendung einhergeht.

Tu dir und Mutter Erde den Gefallen und brich aus dieser Spirale aus!

## Kaufen oder Selbermachen? Reparieren, Upcyceln oder Wegschmeißen?

Das sind interessante Fragen, die auf die Umwelt entscheidenden Einfluss haben!
Mit Selbermachen meine ich hier weniger die fleißigen Handwerker, davon gibt es ja reichlich. Nicht umsonst werden die Baumärkte immer größer. Allerdings kann das auch nach hinten los gehen, wenn zum Beispiel die Reste von Farben und Lacken nicht umweltgerecht entsorgt werden oder gar in den Abfluss gelangen, zum Beispiel durch das Auswaschen der Pinsel.
Was die Materialien angeht, so können Umweltsiegel wie „Der Blaue Engel" sehr gute Wegweiser zu ökologischem Werkeln und Renovieren sein. Im Anhang 2 findest du mehr Details dazu.
Ich meine mit Selbermachen eher die Aktivitäten, mit denen dann zum Beispiel Verpackungen eingespart werden oder lange Transportwege.
Die Möglichkeiten dazu sind vielfältig und im Grunde gehört schon das Kochen dazu, das in Zeiten von Tiefkühlpizzen und Fertiggerichten nicht mehr für alle selbstverständlich ist.
Man kann aber noch einen Schritt früher anfangen. Wie sieht es mit dem Anbau von Gemüse für den Eigenbedarf aus? Oder ein paar Hühnern im Garten für das Frühstücksei am Wochenende?
Letzteres ist vermutlich für die wenigsten praktikabel. Das Kochen dagegen sollte wieder viel selbstverständlicher sein.

Viele Dinge, die wir ohne weiteres Hinterfragen in den Einkaufswagen im Supermarkt legen, können wir selbst herstellen. Oft sogar ohne großen Aufwand. Dabei lässt sich Verpackungsmüll einsparen, aber auch Geld.
Ich nutze für mein morgendliches Müsli seit ein paar Jahren Haferdrink anstatt Milch, und habe den bis vor kurzem immer im Verbundkarton eingekauft.
Dabei ist er in wenigen Minuten zubereitet und kostet nur einen Bruchteil dessen, was man im Laden dafür bezahlt.

Welche Möglichkeiten fallen dir ein, wo du ganz leicht etwas selbst machen kannst oder es vielleicht schon tust?

Ein anderes interessantes Thema ist, was wir machen, wenn etwas kaputt geht. Was fällt dir dazu als erstes ein? Die meisten Menschen denken dann an die Entsorgung im Müll. Das hat sich in den letzten Jahrzehnten so entwickelt. Bei der Generation meiner Eltern sieht das anders aus, sie verbrachten ihre Kinderstube im zweiten Weltkrieg und wuchsen im Nachkriegs-Deutschland auf. Eine Zeit, geprägt durch Mangel an vielem. So wurde alles, was noch irgendwie verwendbar war, nicht weggeschmissen, sondern genutzt. Ich bin froh, dass ich die schlimme Zeit während und nach dem grauenvollen Krieg nicht miterleben musste. Aber ich habe einen Teil dieses Verhaltens meiner Eltern übernommen. Darüber bin ich ebenfalls froh.

Wenn etwas kaputt geht, sollte der erste Gedanke sein, es zu reparieren oder reparieren zu lassen. Das habe ich schon im Kapitel Kleidung erwähnt. Es gilt aber für viele

andere Dinge ebenfalls. Leider ist die Erwägung, ob etwas reparaturwürdig ist, meistens eine rein wirtschaftliche Frage. Gedanken der Nachhaltigkeit spielen seltener eine Rolle, was sehr schade ist und der Umwelt nicht gerade guttut.
Bei vielen Geräten ist eine Reparatur schwierig oder sogar unmöglich, da das Produktdesign dieses mehr oder weniger ausschließt. Das gilt es zu ändern. Im Sinne der Umwelt sollte die Reparaturfähigkeit ein gesetzliches Muss sein. Momentan kämpfen wir aber eher mit dem Phänomen der geplanten Obsoleszenz. Hier wird vom Hersteller, oft mit Hilfe der Elektronik, eine Lebensdauer vorgegeben. Da hilft dann selbst gute Pflege nicht. Meine Meinung dazu: darauf sollten hohe Strafen stehen. Das ist Betrug am Käufer. Diese absurde Realität muss durch Gesetze unterbunden werden. Diese müssen dann natürlich auch durch eine Kontrollinstanz überwacht werden.
Eine andere Hürde ist es, für Reparaturen, die man nicht selbst machen kann, jemanden zu finden, der es macht. Für viele Handwerker ist das nicht lukrativ, sie schauen lieber nach großen Aufträgen. Schuster und Schneider sind Klassiker, die man heute noch fast überall findet. Aber in vielen anderen Bereichen ist das nicht so. Ob die Initiative in Schweden, bei der auf Reparaturen reduzierte Mehrwertsteuer erhoben wird, das ändern kann? Es wird sich zeigen. Ich halte es jedenfalls für eine gute Idee, diesen Bereich zu fördern und so wichtige Ressourcen für unsere Umwelt zu schonen.

Eine andere tolle Idee sind Reparatur-Cafés. Hier helfen versierte Bastler bei der Reparatur, oder übernehmen diese. Das Ganze ist, in Kombination mit Kaffee und

Kuchen, oft ein sozialer Treffpunkt, wo man sich gegenseitig hilft. Ich finde zwar, dass eine Reparatur durchaus etwas kosten darf, aber wenn man niemanden dafür findet, ist so ein Reparatur-Café eine super Alternative. Kosten tut es in der Regel auch etwas, zum Beispiel eine Kuchenspende. Aber das sollte es wohl wert sein.

Wenn eine Reparatur nicht mehr in Frage kommt, gibt es immer noch eine weitere Alternative zur Entsorgung im Müll: das Upcycling.
Was bedeutet das überhaupt? Beim Upcycling wird aus kaputten Produkten, Abfällen oder Restmaterialien etwas Neues gemacht, das einen höheren Wert hat. Das ist insofern ein grenzenloses Feld, als dass der Wert eines Gegenstandes sehr individuell sein kann. Das trifft vor allem auf den privaten Bereich zu. Man bastelt etwas aus Holzresten, macht aus Stoffresten Bienenwachstücher oder strickt einen Schal aus Wollresten. Wie gesagt, es gibt schier endlose Möglichkeiten. Da liegen Selbermachen und Upcycling ganz nah beieinander.
Aber es gibt auch den professionellen Anwendungsfall, zum Beispiel den Trend in der Bekleidungsindustrie, wo aus Stoffresten Designer-Kleidungsstücke entstehen.

Einiges, das früher selbstverständlich war, würde uns und dem Planeten heute sehr guttun. Ich will damit nicht sagen, dass früher alles besser war. Ehrlich gesagt mag ich den Spruch überhaupt nicht.
Wahr ist aber, dass es sehr anspruchsvoll ist, ein nachhaltiger Konsument zu sein. Da kann ein Rückbesinnen auf

alte Tugenden und Werte das eine oder andere Mal doch hilfreich sein.
Vielleicht sind dir beim Lesen ja ein paar Ideen gekommen, wo du zukünftig für etwas eine bessere Verwendung hast, als den Wurf in den Mülleimer. Diese Gedanken lohnen sich in vielerlei Hinsicht!

## Unser Genuss, der Umwelt Verdruss

Was fällt dir eigentlich ein? Du alter Banause! Ich lade dich ein, damit wir eine schöne Zeit miteinander haben. Und was machst du? Behandelst mich wie ein Stück Dreck! Trampelst alles platt und wirfst überall deinen Müll hin! Ich wünschte, ich hätte dich nie in meine Welt gelassen!
So könnte ein Dialog von Mutter Erde mit uns Menschen aussehen. Vermutlich sagt sie uns genau das ständig. Verstünden wir doch bloß ihre Botschaften.

Ich unterstelle mal, dass sie mit dir etwas freundlicher reden würde. Aber mit uns als Menschheit? Da sind obige Worte doch noch viel zu harmlos.

Wenn ich mit meiner Hündin unterwegs bin, frage ich mich immer wieder, was wir da tun. Wir sind zu Gast bei Mutter Erde und vermüllen sie gnadenlos. Zigarettenkippen, Bierdosen, Kaugummis, Bonbon-Papier, alles schmeißen wir achtlos weg. Letztens habe ich sogar fünf große Wodkaflaschen und mehrere kleine Flachmänner eingesammelt. Na gut, da hat wohl jemand noch ein ganz anderes Problem und will mit den Dingern nicht wieder zuhause auftauchen. Die Sinne sind dann natürlich zu benebelt, um den Mülleimer zu benutzen, der gar nicht so weit weg ist.
Aber alle anderen? Warum ist in der Jackentasche, in der Platz für das Papier mit Bonbon war, anschließend kein Platz mehr für das Papier ohne Bonbon? Vom besagten Mülleimer mal ganz zu schweigen, der auch in dem Fall

mal wieder ganz in der Nähe auf Beute lauerte und doch leer ausging.
Ganz übel treiben es viele Raucher. Überall fliegen Kippen rum, als wäre die Natur ein Aschenbecher. Da sind uns andere Kulturen voraus. So ist es in Japan zum Beispiel üblich, dass man einen tragbaren Aschenbecher bei sich hat. Für die Umwelt sind die Kippen ein Problem, besonders die von Filterzigaretten. Denn diese brauchen bis zu 15 Jahre, um sich zu zersetzen. Im Filter sind Nikotin und jede Menge Giftstoffe, die herausgespült werden und Böden und Gewässer belasten. Im Wasser belastet eine einzige Kippe 500 Liter mit ihren Umweltgiften. Dazu kommt, neben der störenden Optik, die Gefahr des Verschluckens für kleine Kinder, aber auch viele Tiere.

Es ist unser Genus, der dieses Elend hervorruft. Stets und ständig konsumieren wir etwas, mit mehr oder weniger Genuss, aber viel zu oft zum Leidwesen der Natur. Man kann nur hoffen, dass es bald zu einem Umdenken der Menschen kommt. Aufklärung könnte helfen, damit den Banausen die Folgen ihres Verhaltens klar werden.
Vielleicht aber auch Strafen. So wie in Singapur, einer Stadt mit rund 5,7 Millionen Einwohnern und fast doppelt so vielen Besuchern im Jahr. Die sauberste Stadt, die ich je gesehen habe. Nun mag das vielleicht in einer Stadt mit so hoher Bevölkerungsdichte leichter zu kontrollieren sein als im ländlichen Raum. Aber eine Signalwirkung hat es für mich auf jeden Fall.

Dazu ist es sicher hilfreich, mit gutem Beispiel voranzugehen und mal das eine oder andere Teil aufzuheben. Dann wird es den Verursachern hoffentlich irgendwann unangenehm.

Was denkst du? Was kannst du tun, um für etwas mehr Sauberkeit in der Natur zu sorgen?
Vielleicht magst du ja, wie ich, beim Spazierengehen auch mal einen Sack mitnehmen und etwas Müll einsammeln? Oder gezielt an einer geplanten Sammelaktion teilnehmen? Die werden immer häufiger angeboten. Oft sind es Beach Clean-Ups, um unsere Natur wieder ein wenig müllfreier zu machen. Für mich ist das ein kleiner Einsatz mit großer Wirkung.

## Banken und Geldanlagen

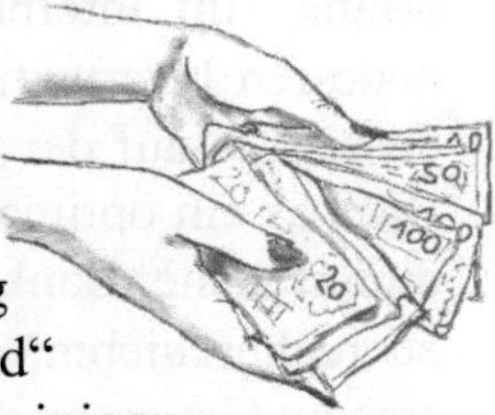

Geld, ein Thema, an dem wir im Alltag nicht vorbeikommen und das wir auch sehr gezielt für die Umwelt einsetzen können. Der direkteste Weg ist, indem wir damit „umweltschonend“ einkaufen. Darum ging es ja schon in einigen Kapiteln.

Aber es gibt weitere Wege, Einfluss zu nehmen. Damit meine ich die Auswahl der Banken und Geldanlagen. Klar, der Gedanke an die Mechanismen im Hintergrund ist nicht immer präsent, wenn wir mit Geld umgehen. Das ist, je nachdem, welche Bank du hast, wohl auch besser so. Weniger wegen der Komplexität des Themas, sondern eher wegen der schmutzigen Geschäfte, die viele Banken betreiben oder unterstützen.
Daher ist es hin und wieder doch sinnvoll, sich Gedanken darüber zu machen. Denn vermutlich möchtest du genauso wenig wie ich, dass mit deinem Geld Panzer, Atom- oder Kohlekraftwerke, Ölbohrungen in der Arktis oder Palmölplantagen in tropischen Gebieten finanziert werden. Leider passiert genau das, wenn du dein Girokonto oder sogar Spareinlagen bei bestimmten Banken hast.
Das muss zum Glück nicht sein. Es gibt gute Banken, die genau das ausschließen und sicherstellen, dass nur nachhaltige, ökologische, soziale und ethisch korrekte Projekte gefördert werden. Ins Detail zu gehen würde an dieser Stelle nicht sehr viel Sinn machen. Aber wenn du

eins der zuvor genannten Attribute zusammen mit „Bank“ im Internet suchst, wirst du sehr schnell die neuesten Informationen und Vergleiche finden. Solltest du gerade auf der Suche nach einer Bank für dich sein, wäre es ein optimaler Zeitpunkt dafür. Aber auch, wenn du mit deiner Bank ganz zufrieden bist, lohnt es sich, mal zu recherchieren, ob man die Geschäfte der Bank mit seinem Gewissen vereinbaren kann und möchte.

Anders als bei der Auswahl der Bank, hat man bei den Geldanlagen wieder einen direkteren Einfluss auf die Umweltverträglichkeit oder die soziale Nachhaltigkeit. Selbst bei Banken, die sich diesem Thema noch in keiner nennenswerten Weise verschrieben haben, gibt es entsprechende Produkte. Das können Investments in Aktien von nachhaltigen Unternehmen sein, aber auch Fonds, die mit entsprechender Streuung in der Anlagestrategie das Risiko minimieren. Ich bin kein Anlageberater und diese Tipps ersetzen sicher nicht, dass du dich sorgfältig informierst. Aber wenn du genau das tust, wirst du feststellen, dass es durchaus eine Menge Möglichkeiten gibt, sein Geld auf eine im Sinne der Umwelt saubere Art anzulegen. So kann man es vermehren, ohne dabei ein schlechtes Gewissen haben zu müssen. Im Gegenteil, man fördert auf die Weise sogar nachhaltige Projekte.

## Umweltschutz am Arbeitsplatz

Die Meisten von uns verbringen sehr viel Zeit am Arbeitsplatz und auch auf dem Weg dahin. Oft sind es 50% oder mehr des Tages, wenn man die Schlafenszeit ausklammert. So gehört diese Zeit zwingend mit in die Betrachtung, wenn man sich im Alltag umweltgerecht verhalten will.

Was kann man tun? Vieles von dem, was in den vorangegangenen Kapiteln aufgezeigt wurde, hat auch für die Arbeitsstätte Gültigkeit. Kaffee, den ich mir in der Kantine kaufe, gehört nicht in einen Einmal-Becher und Essen, das ich mich mir von zuhause mitbringe, nicht in Alu- oder Frischhaltefolie verpackt. Wasser kann ich mir auch aus dem Wasserhahn nehmen und wenn ich den Kollegen mal etwas Süßes mitbringe, sollte es ebenfalls nicht mit Palmöl hergestellt sein und möglichst die Bio-Kriterien erfüllen.

Auch Dinge wie das Ausschalten von Monitor und PC beim Beenden der Arbeit oder von Lampen in Räumen, die nur hin und wieder benutzt werden, sollten selbstverständlich sein. Zuhause ist es das, am Arbeitsplatz aber nicht. Warum ist das so? Geht es uns doch eher ums Geld?

Ein weiterer wichtiger Punkt ist das Drucken. Da wird sinnbildlich gesehen ein Baum nach dem anderen gefällt, um dann wenige Minuten später doch im Papierkorb zu landen. „Think before you print“ haben viele in ihrer

E-Mail-Signatur stehen – Denk nach, bevor du die E-Mail druckst. Braucht man den Ausdruck wirklich? Vielleicht sollte dieser Spruch als Pop-Up-Fenster jedes Mal erscheinen, wenn man den Druckbefehl auslöst. Das wäre sinnvoll, aber bei vielen wohl auch vergebene Liebesmüh.
Bleiben wir beim Drucken. Viele Geräte können automatisch beidseitig drucken, wenn man es denn einstellt. Weißt du, wie das geht? Es spart ebenfalls sehr viel Papier. Schade, dass die Unternehmen das nicht als Standardeinstellung festlegen. Möglich ist es!
Eine weitere Möglichkeit ist, mehrere Seiten auf eine zu drucken. Gerade bei Präsentationen, wenn es nur darum geht, sich Notizen zu machen, kann man locker zwei oder drei der Folien auf eine Seite drucken.
Und dann hoffentlich auf Recyclingpapier. Aber das werde ich im nächsten Kapitel auch nochmal aufgreifen.

Papierhandtücher sind ein weiteres Thema. Damit sollte man sehr sparsam umgehen. Meistens reichen ein bis maximal zwei davon. Manche Leute tun aber so, als müssten Handflächen in der Größe von Tennisschlägern getrocknet werden. Sehr schade für uns, denn die Bäume brauchen wir gegen den Klimawandel.
Apropos Klima. Auch beim Heizen und Lüften sollten ähnliche Regeln angewendet werden wie daheim, auch wenn es etwas komplexer wird, falls der Arbeitsplatz über eine Klimaanlage verfügt. Klar ist, dass weder das Heizen noch das Betreiben der Klimaanlage effektiv sein können, wenn man gleichzeitig mit dem Fenster dauerlüftet oder gar damit die Temperatur runterregelt.

Generell lässt sich festhalten, dass man unabhängig vom Beruf, den man ausführt, verschwenderisches Verhalten am Arbeitsplatz vermeiden sollte. Das freut nicht nur den Arbeitgeber, da Verschwendung immer auch Geld kostet und den Gewinn des Unternehmens schmälert, sondern besonders auch die Umwelt und damit uns alle!

Denk doch mal nach, wo du an deiner Wirkungsstätte etwas für die Umwelt tun kannst. Das kann und sollte eindeutig auch Anregungen für mehr Umweltbewusstsein an das Unternehmen einschließen. Und auch den Kollegen schadet ein freundlicher Hinweis nicht, wenn es ihnen offensichtlich an umweltfreundlichem Verhalten mangelt.

## Die Verantwortung von Unternehmen

Du bist kein Unternehmer oder an verantwortlicher Stelle in einem Unternehmen beschäftigt? Kein Problem. Dein Einsatz kommt am Ende des Kapitels.

Ein großer Teil der Verantwortung des Arbeitgebers lässt sich schon aus den zuvor beschriebenen Möglichkeiten ableiten. Dazu haben die meisten Anregungen den Vorteil, dass sie dem Unternehmen Geld sparen, so dass sie in zweierlei Hinsicht nachhaltig wirken.
Ein umweltbewusstes Unternehmen weist seine Mitarbeiter zum Beispiel darauf hin, dass:

- ein bis zwei Papierhandtücher reichen zum Händeabtrocknen
- Geräte nicht im Stand-By laufen sollten
- Lichter auszuschalten sind
- man nicht alles drucken muss und man möglichst doppelseitig drucken sollte
- etc.

Die Möglichkeiten sind aber für das Unternehmen deutlich weitreichender als für den Mitarbeiter. So kann das Unternehmen darauf achten, dass sowohl beim Hygienepapier als auch beim Druckpapier die Recyclingvarianten verwendet werden. Für besondere Außenwirkung bei Briefen oder Präsentationen kann man ja immer noch Nicht-Recyclingpapier bereithalten. Wobei sich die Frage stellt, was beim Kunden einen besseren Eindruck hinterlässt.

Ein ähnliches Beispiel gibt es beim Licht. So kann man die Beleuchtung auf energiesparende LED-Lampen umstellen und diese mit Ökostrom befeuern.
Die Liste der Möglichkeiten ist lang und mit etwas Einsatzwillen und Sinn für die Umwelt ist viel erreichbar.

Darüber hinaus ist es für Unternehmen hilfreich, den Einfluss auf die Umwelt systematisch zu erfassen und zu verbessern. Dabei helfen Managementsysteme wie das Umweltmanagement ISO 14001 oder das Energiemanagement ISO 50001. Für kleinere Unternehmen mag es nicht lohnend sein, die Zertifizierung durchzuführen. Aber das hindert ja nicht daran, ein entsprechendes Managementsystem einzuführen. Dass es einen positiven Marketingaspekt hat, nach diesen Systemen zertifiziert zu sein, sollte man aber bedenken. Dazu fordern Firmen, die diese Systeme eingeführt haben, selbiges von ihren Lieferanten, was ebenfalls ein positiver Aspekt ist.

Es gibt viele weitere Möglichkeiten, besonders bei größeren Unternehmen. Der Fuhrpark, ausgestattet mit verbrauchsarmen Antrieben oder Elektroautos ist eine. Ein CO2 – Ausgleich für Geschäftsreisen eine weitere. Die in den Produkten und Verpackungen verwendeten Materialien spielen ebenfalls eine große Rolle, genau wie energiesparende Prozesse. Unsere Welt braucht Produkte, die mit umweltfreundlichen Inhaltsstoffen gefertigt werden und noch wichtiger, sie müssen sich gut recyceln lassen. Letzterer Punkt wird früher oder später vermutlich eine gesetzliche Vorgabe sein, sollten wir denn mal eine Regierung haben, die sich etwas traut und maßgeblichen Fortschritt in der Rettung der Umwelt auf den Weg bringen möchte.

Du bist Unternehmer oder in einer Position beschäftigt, an der du maßgeblich Einfluss nehmen kannst auf die Umweltfreundlichkeit und Nachhaltigkeit von Prozessen oder Produkten? Zum Beispiel im Produktdesign, Marketing oder auch Verpackungsdesign. Super!
Deine Firma produziert etwas für den täglichen Bedarf der Menschen? Noch besser!
Denn dann kannst du besonders viel bewegen! Der kommerzielle Erfolg ist wichtiger? Wirklich? So wichtig, dass es egal ist, wie die Welt unserer Kinder und Enkelkinder einmal aussehen wird? Es ist auch wirklich nicht so, dass ökologische und ökonomische Nachhaltigkeit sich gegenseitig ausschließen. Zumal, da bin ich mir sehr sicher, der Ruf nach umweltfreundlichen Produkten immer größer werden wird. Du bringst dein Unternehmen eher ins Abseits, wenn du die Weichen nicht bald entsprechend stellst!
Also, ans Werk! Zuvor gab es ja schon einige Anregungen, was du tun kann.

In einem Kapitel alle potentiellen Chancen zu erfassen ist natürlich unmöglich, allein schon, weil jedes Business andere bietet. Wenn du einen mittelständischen Maschinenbauer leitest, liegen die Schwerpunkte der Nachhaltigkeit woanders als bei dem Betreiber einer Eisdiele. Sollte Letzteres der Fall sein: servierst du deinen Kunden das Eis etwa immer noch in laminierten Pappbechern mit diesen Plastiklöffeln? Nicht dein Ernst, oder?

Wie zu Beginn schon erwähnt, hat jeder Mitarbeiter die Möglichkeit, sich an der Umweltfreundlichkeit seines Arbeitgebers zu beteiligen. Oft sind es die Praktiker, die die Prozesse und Arbeitsschritte machen, die als erstes sehen, wo man etwas verbessern kann. Das gilt zum einen für Effizienz und Verschwendung, zum anderen aber auch für Umwelteinflüsse. Oft hat die Verbesserungsmöglichkeit Einfluss auf mindestens zwei der genannten Bereiche. Jeder sollte daher Vorschläge machen, wenn er oder sie am Arbeitsplatz oder dem Umfeld entsprechende Möglichkeiten sieht. Und das Unternehmen tut gut daran, dieses Verhalten durch Belohnungen zu fördern.

## Politik und Umwelt

Das Buch geht dem Ende entgegen und du hast hoffentlich viele Anregungen erhalten, wie du deinen Alltag etwas umweltfreundlicher gestalten kannst. Dann behalte diese vielen guten Gedanken und Anregungen und setz bitte so viele wie möglich davon um. Lass dich von der folgenden Nachricht nicht davon abhalten. Denn bedenke das afrikanische Sprichwort:
*„Wenn viele kleine Leute an vielen kleinen Orten viele kleine Schritte tun, dann werden sie das Gesicht der Welt verändern.“*

Die weniger erfreuliche Nachricht lautet: ohne klare gesetzliche Vorgaben seitens der Politik wird sich zwar viel bewegen lassen, aber längst nicht so viel, wie mit entsprechenden Gesetzen erreichbar wäre.
Warum? Wir werden es nie schaffen, alle von uns dafür zu begeistern, sich selbst zu engagieren und umweltbewusst und nachhaltig einzukaufen, Verpackungen zu vermeiden und so weiter. Wenn aber die gesetzlichen Regeln so gemacht werden, dass die Irreführung der Verbraucher durch „Greenwashing“, der Einsatz unnützer und nicht recyclebarer Verpackungen und vieles mehr, verboten sind, ist es automatisch gegeben, dass wir alle in diesen Bereichen umweltfreundlich handeln.

Mein Eindruck ist, dass die Umweltthemen immer präsenter werden und viele Menschen mit guten Beispielen voran gehen. Sei es, weil ihr gesamter Müll eines

Jahres in ein Marmeladenglas passt, sie sich an Protestaktionen beteiligen oder einfach sonst wie ihren ökologischen Fußabdruck minimieren. Die vielen guten Beispiele und das wachsende Bewusstsein in der Bevölkerung werden mehr und mehr Druck auf die Politik ausüben und diese wird ihre Bürger in zunehmendem Maße hören und darauf reagieren.

Eine gute Möglichkeit, auf Missstände und dringenden Handlungsbedarf hinzuweisen, sind Petitionen. Ich habe sie zuvor bereits erwähnt. Wir müssen uns aber auch bewusst sein, dass es mächtige Gegenspieler gibt, deren wirksames Mittel Geld ist. Viel Geld. Es sind die Lobbyisten. Von ihnen gibt es mehr, als es Abgeordnete gibt. Sie versuchen ständig, die Politiker zu beeinflussen und die Interessen ihrer Firmen und Verbände zu schützen. Leider ist Transparenz in dem Bereich in Deutschland zwar schon lange gefordert, aber noch lange nicht umgesetzt. So ist es ein Kampf mit zum Teil nicht direkt ersichtlichen Gegnern. Daher sollte der öffentliche Druck von den Wählern so groß wie möglich sein, denn dann lässt sich etwas bewirken.

Auch die Wahlen spielen eine wichtige Rolle. Wenn das Wahlprogramm einer bestimmten Partei zum Umweltschutz nicht viel hergibt, muss sich Niemand wundern, dass diese Partei eher die Wünsche der Unternehmer bedient, und nicht die der Umwelt. Genauso wenig wie man sich wundern muss, dass die sozialen Christen aus Bayern alles andere als sozial agieren, sondern eher am rechten Rand fischen, nur um möglichst die nächste Wahl zu gewinnen. Die Zukunft

des Landes ist ihnen offensichtlich nicht besonders wichtig.
Zurück zur Umwelt. Deutschland verpasst in vielen Bereichen den Anschluss, obwohl wir in der Vergangenheit Vorreiter und Vorbild waren. Das schadet nicht nur der Umwelt, sondern auch der wirtschaftlichen Wettbewerbsfähigkeit. Wenn man so will, verletzen die Regierungen der letzten Legislaturperioden damit ihren Auftrag!
Denk daher bitte immer sorgfältig nach, welche Partei du unterstützt und informiere dich vorher über das Wahlprogramm.

Gesetzliche Vorgaben sind effektiv, das haben viele Beispiele in der Vergangenheit gezeigt. So wurde Blei erfolgreich aus den Kraftstoffen der Autos, aber auch aus vielen weiteren Produkten, in denen es Jahrzehnte lang wie selbstverständlich benutzt wurde, verbannt. Dann muss es doch auch bei Verpackungen gehen. Zum Beispiel, dass sie nur den Inhalt schützen darf und keine Materialverschwendung zu Marketingzwecken zulässig ist. Oder, dass Verpackung grundsätzlich recyclingfähig sein muss, anders als zum Beispiel die meisten Wurstverpackungen.
Kleidung ist ein weiteres Beispiel: es kann nicht angehen, dass wir die Menschen in Deutschland und Europa vor Sklaverei und Ausbeutung schützen, aber bei billiger Kleidung aus dem Ausland genau diese Themen ignorieren.
Warum wird die Tierquälerei in der Massentierhaltung fast gleichgültig hingenommen?

Liebe Politiker, tut etwas dagegen! Andere Länder überholen uns, eure Lethargie schadet unserem Land und dem Planeten!

Jetzt kommt noch ein Aber: unseren Egoismus, unsere Konsumgier, die Mengen an Fleisch, die Verschwendung durch „Fast Fashion“ oder unnötiges Drucken und vieles mehr kann die Politik nicht eindämmen.
Genau da liegt deine und meine und unser aller große Verantwortung. Das müssen wir selbst tun, es kann uns keiner abnehmen!
Bist du dabei?

## Du und deine Umwelt – Einfluss nehmen!

Es gibt einen weiteren und sehr wichtigen Beitrag, den du für die Umwelt leisten kannst. Wenn nur du und ich unser Verhalten ändern, wird sich nicht viel bewegen. Wenn es aber viele tun und uns mit unserem Anliegen mit kleinen Beiträgen unterstützen, dann wird sich sehr viel bewegen. Für die Natur, für den Planeten und daher auch für uns Menschen.

Was kannst du tun?

- Eine gute Möglichkeit, andere zu etwas zu bewegen, ist immer, mit gutem Beispiel voran zu gehen.
  Wenn dir zum Beispiel etwas Süßes angeboten wird, von dem du weißt, dass Palmöl darin enthalten ist, kannst du mit einem netten Hinweis darauf dankend ablehnen. Man wird dich fragen was schlimm daran ist. So kannst du anderen davon erzählen und sie vielleicht vom Mitmachen überzeugen.
  Auch Müllsammeln beim Spaziergang oder Joggen ist eine gute Gelegenheit. Andere Menschen werden dich sehen. Manche werden denken: „was für ein Spinner“. Aber die Meisten werden sich darüber freuen und vielleicht sogar mitmachen oder es irgendwann nachmachen.

- Anderen Tipps geben: oft kommt man in Gesprächen mit Freunden und Bekannten, aber auch Kollegen oder sogar Wildfremden, auf Themen wie den Umweltschutz oder auch Dinge des alltäglichen Lebens, wo Umweltaspekte eine Rolle spielen. Nach dem

Motto „Tue Gutes und spreche darüber“ kannst du von deinem Verhalten berichten und so anderen Tipps geben. Aus dem Blickwinkel der Selbsterfahrung, und nicht belehrend, werden sie am besten angenommen.

- Zu guter Letzt kannst du auch dieses Buch weiterempfehlen oder verschenken, wenn es dir gefallen hat und du es für jemand anderen ebenfalls als hilfreich ansiehst.

So gibt es verschiedene Wege, wie du Einfluss nehmen kannst auf deine Mitmenschen. Und da jeder kleine Schritt zählt, ist das sehr wichtig. Dazu besserst du deine eigene Ökobilanz auf. Aber dazu mehr im nächsten Kapitel.

## Deine persönliche Ökobilanz

Hurra, ich bin besser als der Durchschnitt!
Aber ich bin noch weit davon entfernt, nachhaltig zu leben.
Wie ist es mit dir? Hast du schon mal einen Kalkulator für deinen ökologischen Fußabdruck oder Rucksack genutzt? In den Anmerkungen und Quellen, 36., findest du Links zu einigen Anbietern. Es gibt sicher noch Weitere.

Man bekommt auf diesen Portalen einen sehr guten Eindruck, wo man in etwa steht. Aber es gibt auch vieles, was nicht betrachtet wird. Das ist nachvollziehbar, denn jeder von uns führt sein Leben auf seine individuelle Weise. Das ist so vielfältig, dass die Fragenkataloge viel zu lang würden.
Daher finde ich, dass man sich noch Gedanken zu seiner eigenen Ökobilanz machen sollte.
Wie gesagt, diese Auswertungen dienen einer ordentlichen Standortbestimmung. Man kann dadurch einordnen, ob man zu den wenigen Mitteleuropäern zählt, die im Jahr mit ihrem Anteil auskommen und so nur die Ressourcen von einem Planeten nutzt, oder ob man doch eher zwei bis drei Planeten verbraucht. Ich stehe irgendwo zwischen zwei und drei, je nach Portal.
Aber ich mache Dinge, die nicht erfasst werden und die meine Bilanz verbessern.
So zahle ich für meine Urlaubsflüge einen Klimaausgleich, ebenfalls für mein Gas zuhause. Ich versuche weitestgehend auf Klimaanlagen im Auto oder in der

Urlaubsunterkunft zu verzichten. Ich sammle des Öfteren den Müll anderer Leute ein, lasse den Löwenzahn blühen, damit die Bienen sich versorgen können und gebe ihnen im Insektenhotel eine Unterkunft.
Es sind kleine Schritte, die mir Spaß machen und ich freue mich, dass ich meinen ökologischen Fußabdruck damit verbessere. Natürlich möchte ich mehr erreichen und das werde ich auch. Eins nach dem Anderen. Für mich persönlich möchte ich die Schritte nicht zu langsam machen, da ich weiß, wie wichtig sie sind. Aber ich weiß auch, dass es nicht ganz leicht ist, sich in dem Bereich stetig zu verbessern. Daher freue ich mich über jeden noch so kleinen Schritt, den du und hoffentlich viele andere mit einbringen. So werden wir gemeinsam immer weniger Ressourcen verbrauchen und immer nachhaltiger leben.
Und so verbessert dann auch dieses Buch meine Ökobilanz.

Ich finde es wichtig, dass jeder das Thema in seiner eigenen Geschwindigkeit anpackt. Es geht schließlich darum, fest eingebrannte Gewohnheiten zu verändern. Das ist nicht leicht. Und es sollte auch irgendwie Spaß machen, denn nur so wird es langfristig Erfolg haben. Wenn wir alle sehen, dass wir Entscheidendes für die Erhaltung der Natur erreichen und wir die positiven Veränderungen spüren, dann können wir uns daran erfreuen. Wir werden mehr wollen, denn wir wissen, dass mehr möglich ist.
Dein ökologischer Fußabdruck ist etwas, das sich nicht komplett berechnen lässt. Dafür gehört zu viel Individuelles dazu, unter anderem auch deine innere Einstellung

zu unserer Gastgeberin und was du fühlst, wenn du dich mit der Natur verbindest.
Lass dich also von den nackten Zahlen nicht abschrecken, wenn du so einen Test das erste Mal machst. Du wirst einen Weg finden, der dir Freude bereitet und mit dem du deinen Einfluss auf die Natur immer weiter verbesserst.
Für mich selbst kann ich sagen, dass es für mein Leben eine Bereicherung ist, etwas zu tun für unseren Planeten und so hat es auf meinen Körper und besonders auch auf meinen Geist positive Auswirkungen.
Unser Herz, oder besser gesagt unsere Seele, verschenkt sich gerne und schöpft neue Energien aus dem, was sie dafür zurückbekommt. Das gilt nicht nur für den Umweltschutz, sondern für alle Bereiche, in denen man anderen Aufmerksamkeit, Liebe und Zuwendung zukommen lässt.

Ich wünsche dir viel Freude dabei, deinen Fußabdruck zu bestimmen und anschließend immer weiter zu verkleinern.

# Epilog

Wie beantwortest du nun die Frage im Untertitel dieses Buches? Ich hoffe sehr, dass wir das Gleiche antworten. Ja, es geht. Sogar leichter, als ich selbst dachte.
Das Recherchieren und Nachdenken über die verschiedenen Themen hat mir selbst viele weitere Anregungen gebracht. Nichts davon ist neu oder von mir erfunden. Es mangelt einfach daran, sich bewusst zu machen, welchen Einfluss das eigene Handeln hat. Mir gelingt es nun, nach der kleinen „Hirnwäsche", deutlich besser, mehr Nachhaltigkeit in mein Leben zu integrieren.

Ein Gespräch mit meinen Eltern brachte mich neulich dazu, einen Blick in die Vergangenheit zu werfen.
War früher alles besser? Manchmal mag es einem so vorkommen. Da war das Obst noch nicht in Plastik eingepackt und Palmöl war auch nicht in jedem zweiten Produkt. Fleisch kaufte man beim Metzger, bestenfalls einmal die Woche, und es wurde in Wachspapier eingeschlagen. Zuhause musste es dann zügig verarbeitet werden.
Ob deswegen alles besser war, muss jeder für sich entscheiden. Ich persönlich möchte nicht 50 Jahre früher geboren sein. Das Leben war doch deutlich härter. Aber da liegt eins der Probleme. Wir sind zu bequem, um die Umwelt zu schützen, wir geben unserem Leben andere Prioritäten. So haben wir es hingenommen, dass unsere Bequemlichkeit mehr und mehr auf Kosten der Umwelt ging. Das Gute daran ist: es liegt an uns, das wieder zu

ändern. Und wie du jetzt weißt, ist es ja auch gar nicht so schwer!
Lass es uns tun, bevor es zu spät ist!

Vielen Dank, dass du dieses Buch gelesen hast. Das Thema liegt mir sehr am Herzen. Mein Bestreben, etwas für den Erhalt von Mutter Erde zu tun, kann nur Erfolg haben, wenn ich andere dafür begeistern kann, mich zu unterstützen und ebenfalls für den Schutz des Planeten einzustehen. Schritt für Schritt, selbst wenn es kleine Schritte sind.
Mein Sinn des Lebens ist es, Freude zu bereiten. Mir selbst und anderen. Das eine funktioniert nicht ohne das andere.
Der Erhalt unserer Natur bereitet mir große Freude und leistet, weil es wichtig für die Menschheit ist, auch einen Beitrag zur Freude aller.
Im ersten Kapitel schrieb ich, dass wir Spaß haben sollen. Ich habe ihn und er wird sogar stetig mehr.
Wie ist es mit dir? Hast du schon deinen Zugang zum Spaß bei der Rettung des Planeten gefunden?
Ich hoffe, ich konnte dir viele Anregungen geben, wie du uns alle mit Freude darin unterstützen kannst und wir gemeinsam die wundervolle Natur erhalten.
Für uns, unsere Kinder und alle nachfolgenden Generationen!

## Danke

Ohne meine Frau Alex gäbe es dieses Buch wohl nicht, denn die Idee dazu stammt von ihr. Darüber hinaus hat sie wieder in großem Umfang und sehr viel Geduld auf meine Gesellschaft verzichtet. Ihr gilt mein besonderer Dank!
Zusätzlich war sie, wie auch meine Töchter Anna und Lena, immer da, wenn ich mal Feedback oder Anregungen brauchte.
Lena hat darüber hinaus mit dem Lektorat dafür gesorgt, dass das Buch nicht nur fehlerfrei ist (hoffentlich), sondern meine Gedanken auch verständlich bei dir ankommen. Ihr Beitrag verleiht diesem Buch für mich einen ganz besonderen Wert.
Für die inhaltliche Mitwirkung und die daraus entstandenen Impulse danke ich Sofia Eckart, Sarah Waltinger und Renato Pichler. Ihr Input und ihre Gedanken sind wichtige Teile dieses Buches.
Schön gemacht wurde das Buch von Regina von Castelberg (Illustrationen auf dem Cover und im Innenteil) sowie Karin Frauenfelder (Gestaltung des Umschlags).
Ein weiteres Mal einen herzlichen Dank an Susanne Hülsenbeck für die wertvollen Impulse und hilfreichen Anregungen.
Der Marine Megafauna Foundation danke ich für das Foto des Walhais.
Viele weitere Menschen haben, bewusst oder unbewusst, Beiträge geleistet oder mich auf Ideen für das Buch gebracht. Auch dafür vielen Dank!

Und auch dir, lieber Leser, möchte ich danken. Nicht nur für das Lesen des Buches, sondern viel mehr für das, was du aus dem Inhalt machen wirst und auch für das Weitergeben der Botschaft.
Es wird uns allen guttun.

## Anhang 1 – Umwelt-Tipps für den Alltag von A - Z

| | |
|---|---|
| Abfluss | Bei einer Verstopfung nicht gleich zur chemischen Keule greifen. Natron (oder Backpulver) und etwas Essig wirken sehr gut. Und der gute alte Gummi-Pömpel hilft ebenfalls großartig. |
| Alufolie | Genau wie Frischhaltefolie eine sehr praktische Sache. Aber leider ein einmalig zu benutzendes Wegwerfprodukt. Es gibt eine tolle Alternative: Bienenwachstuch, auch Bee's Wrap genannt. Man kann es leicht reinigen und so immer wieder verwenden. Dazu kann man das auch selbst herstellen. |
| Aufräum- oder Clean-Up-Day | Hin und wieder rufen Organisationen dazu auf, Strände und Meere, Grünflächen oder Straßenränder vom Müll zu befreien. Hast du schon mal mitgemacht? Oder auch mal unabhängig von so einem Aufruf beim Spaziergang Müll aufgesammelt? Danach ist der Weg doch gleich viel schöner! |
| Bananen | Vielleicht sind sie dir ja schon mal aufgefallen, die Single-Bananen, die kaum einer will. Die Gefahr ist groß, dass sie nicht gekauft werden und später im Müll |

| | |
|---|---|
| | landen. Hab doch ein Herz für Singles. 😊 |
| Banken | Es gibt Geldinstitute, die sich der Nachhaltigkeit in allen Belangen verschrieben haben und zum Beispiel keine schmutzigen Energien, Projekte, die den Regenwald gefährden oder die Waffenindustrie fördern. Das sollte man unterstützen! |
| Chipstüten | Eine Verpackung der übleren Sorte. Aufgrund der metallischen Innenbeschichtung sind sie nicht zu recyceln. Gleiches gilt für die Verpackung von Erdnussflips und ähnlichem. |
| CO2-Ausgleich | Wer gerne in die Ferne schweift, hinterlässt unweigerlich negative Folgen in Form dieses klimaschädlichen Gases. Der Ausgleich, den Anbieter wie atmosfair.de, myclimate.de, klima-kollekte.de und arktik.de ermöglichen, ist eine gute Möglichkeit, diesen Einfluss auszugleichen. Bei Arktik bezieht sich das sogar nicht nur auf das Reisen, sondern wer mag, kann hier auch seinen alltäglichen CO2-Ausstoss ausgleichen. |
| Coffee-to-Go | wird erst dann schlimm, wenn man ihn im Einwegbecher zu sich nimmt und das keine Ausnahme ist. Ansonsten bitte planen und einen Becher dabeihaben! |

| | |
|---|---|
| Dünger | zum Beispiel für Blumen, kann man leicht selbst herstellen. Mit Bananen- und Eierschalen, dazu Kaffeesatz, erhält man in einer Form von Upcycling einen guten Dünger und vermeidet (Bio-) Müll. Es gibt viele weitere Rezepte zur Herstellung von eigenem Dünger. |
| Drucken | Jedes Blatt Papier war mal ein Baum! Bevor wir etwas drucken, sollten wir bedenken: Brauche ich das wirklich auf Papier? Wenn ja, sollte es mindestens FSC-zertifiziert sein, besser noch zu 100% Recyclingpapier sein. Oder auch aus einer nachhaltigen Alternative, für die nicht die langsam wachsenden Bäume den Rohstoff liefern. Dazu sollte immer auf beiden Seiten gedruckt werden. Und vieles lässt sich verkleinert drucken, so dass mehrere Seiten auf eine passen. |
| Duschen | Hier lässt sich einiges an Wasser sparen, wenn man es beim Einseifen oder Schamponieren abstellt. Auch das tägliche Duschen, für viele ein Muss, ist weder für die Umwelt, noch für die Haut gut. |
| Einkaufen | Stoffbeutel mitnehmen ist vermutlich schon klar. Aber an Fleisch- und Wursttheken wird es mehr und mehr akzeptiert, |

| | |
|---|---|
| | wenn man seine eigenen Behälter dabeihat und so einiges an Verpackungsmaterial einspart. |
| Einkaufszettel | Ein sehr hilfreiches Werkzeug im Kampf gegen die Verschwendung von Lebensmitteln. Wenn man genau weiß, was man braucht, wird man im Laden weniger oft Dinge kaufen, die am Ende überflüssig sind. |
| Eis essen | Nein, das will ich niemandem vermiesen. Aber bevor du in deiner Lieblings-Eisdiele das Eis im Becher nimmst, überleg doch mal ob das essbare Hörnchen nicht umweltfreundlicher ist. Oder frag mal, ob es auch Waffel-Becher gibt. |
| Elektroschrott | gehört nicht in den Restmüll!<br>Alte Handys und Smartphones, aber auch andere kleine elektronische Geräte und auch Druckerpatronen lassen sich per Post entsorgen oder besser gesagt zum Recyceln schicken (Deutsche Post in Kooperation mit dem Recycling-Unternehmen Alba Group: https://www.deutschepost.de/de/e/electroreturn.html)<br>Aber es gibt auch andere Angebote, die zum Beispiel noch einen guten Zweck unterstützen wie die Caritas-Box für Firmen |

| | |
|---|---|
| | (https://www.caritas.de/spendeundengagement/andershelfen/caritasbox/caritasbox)<br>Für große Elektroteile, aber auch Energiesparlampen, haben in der Regel die Städte und Kreise eine passende Lösung. |
| Frischhaltefolie | siehe dazu auch Alufolie |
| Gas | Ist natürlich als fossiler Brennstoff nicht gerade klimaschonend. Man kann jedoch bei vielen Anbietern einen Biogas-Anteil dazu buchen. Aber Vorsicht, der entsteht zum Teil aus Biomasse-Anlagen, in denen Gülle verarbeitet wird.<br>Eine weitere tolle Möglichkeit ist Windgas. Dafür wird überschüssiger Ökostrom genutzt, um aus Wasser Wasserstoff zu gewinnen und diesen dem Erdgas beizumischen. Es gibt also Alternativen. |
| Geldanlagen | Mit Geldanlagen kann man eine Menge Einfluss nehmen. So gibt es zum Beispiel Fonds, die gezielt nur in sozial und/oder ökologisch nachhaltige Firmen investieren. Und das mit sehr guten ökonomisch nachhaltigen Ergebnissen. |
| Haferdrink | Diesen großartigen Milchersatz kann man, genau wie Mandeldrink, sehr leicht selbst herstellen. Mit sehr wenigen Zutaten und kleinem Zeiteinsatz spart man so |

| | |
|---|---|
| | nicht nur Geld, sondern auch sehr viele Verbundkarton-Verpackungen. |
| Hotelpantoffeln | Vielleicht kennst du diese Frotteeschlappen, die es in manchen Hotels gibt. Am besten ist es natürlich, sie nicht anzurühren. Wenn du sie doch benutzen willst, dann nimm sie doch mit und nutze sie immer wieder auf späteren Reisen. Dann kommen sie noch zu einem einigermaßen nachhaltigen Leben. |
| Hygienepapier | Bitte einmal zum Toilettenpapier für die wichtigen umweltrelevanten Aspekte |
| Insekten | Auch sie brauchen unsere Hilfe. So ist ein Insektenhotel im Garten eine gute Möglichkeit, Unterschlupf zu gewähren und ein Überleben zu sichern. Auch freuen sich die Insekten, wenn der Garten nicht zu aufgeräumt ist. So bietet z.B. ein alter Baumstamm guten Lebensraum. Und eine bunte Blumenwiese hilft ebenfalls nicht nur der Optik im Garten. Im Frühjahr freuen sich die Bienen besonders über den Löwenzahn, wir sollten ihn also blühen lassen. |
| Kaffee | Kapseln? Muss ich hier ja nicht mehr im Detail erwähnen, das ist schon klar. Aber auch ansonsten ist beim Kaffee Obacht geboten. Fair und Bio sollte er sein, dann |

ist er okay für die Umwelt und diejenigen, die bei Anbau und Herstellung mitwirken.

| | |
|---|---|
| Kaffeefilter | Wer seinen Kaffee von Hand aufbrüht oder Filterkaffee mit der Maschine macht, kann mithilfe eines immer wieder verwendbaren Filters viel Papier sparen. Es gibt diese Filter aus Kunststoff und Edelstahl und sie funktionieren super. |
| Kakao | Siehe Kaffee, denn es gilt das gleiche. Und leider gibt es sogar Trink-Kakao in Kapseln. Davon besser die Finger lassen. |
| Kassenzettel | sind leider durch die Druckart sehr stark belastet, so dass man sogar die Berührung meiden sollte. Daher gehören sie auch nicht ins Altpapier, sondern in den Restmüll. Wenn möglich, verzichtest du am besten auf den Druck, wenn es geht. |
| Kaugummi | Die meisten Kaugummis basieren auf petrochemischen Kunststoffen. Daher dürfen Kaugummis auf gar keinen Fall in den Biomüll oder einfach so in die Umwelt, da sie sich extrem langsam abbauen und für Tiere, die sie schlucken, tödlich sein können. Wenn du lieber nicht auf Kunststoff kauen möchtest: es gibt auch biologisch abbaubare Bio-Kaugummi |

| | |
|---|---|
| Kleidung | Die Kunststoffe in der Kleidung gelangen über die Wäsche in die Flüsse und Meere, daher sollte sie möglichst frei von Kunstfasern sein. Siehe auch Mikroplastik. |
| Kochen | Selbst zu kochen ist natürlich sehr empfehlenswert. Das lässt sich aus Umweltsicht sogar noch steigern, wenn man einen Schnellkochtopf verwendet. Neben einer Zeitersparnis von bis zu 65% ergibt sich eine Energieeinsparung von rund 50%. Das sind gute Gründe! |
| Kosmetik | sollte unbedingt frei von Mikroplastik und mineralischen Ölen sein. Siehe Mikroplastik. Und natürlich sollte sie auch nicht an Tieren getestet worden sein. |
| Ladekabel | Siehe Stand-By. Sie verbrauchen Strom, auch wenn kein Gerät zum Laden angeschlossen ist. |
| Mikroplastik | Eine Seuche! Die winzigen Partikel können nicht aus dem Wasser gefiltert werden und gelangen so in die Meere. Und dort dann auch in unsere Nahrungskette. Lecker! Mit Kunststoff-Fasern aus unserer Kleidung ist es leider ebenso (siehe dazu auch Waschen 2)). |

| | |
|---|---|
| Mindesthaltbarkeitsdatum | Dieses Datum sagt, wie lange etwas mindestens haltbar ist. Viele Produkte sind aber weit über dieses Datum hinaus haltbar.<br>Also einfach mal schauen, ob es noch gut aussieht und gut riecht. Meistens steht dem Verzehr nichts im Wege. Die Verschwendung von Lebensmitteln, einem großen Problem unserer Zeit, wird so deutlich reduziert. |
| Mülltrennung | - Batterien: auf keinen Fall in den Müll, sondern zu den Sammelstellen im Handel oder beim Wertstoffhof<br><br>- Elektrogeräte und Elektronik: siehe Elektroschrott<br><br>- Energiespar- und LED-Lampen gehören nicht in den Müll, sondern zum Wertstoffhof<br><br>- Glas: bitte in die Glascontainer, nach Farben sortiert. Besonders das farblose Glas wird durch den Einwurf anderer Farben für farbloses Glas unbrauchbar<br><br>- Kunststoff / Plastik: gehört in die Wertstofftonne oder den Gelben Sack. Möglichst so, dass die verschiedenen Materialien leicht trennbar sind. Zum Beispiel muss man dafür den Alu-Deckel |

vom Joghurtbecher oder auch den Verschluss von der Zahnpastatube trennen und keine Sachen ineinander stopfen.

- Metall: kleinere Metallteile, z.B. Dosen, gehören in den Gelben Sack (Achtung, Getränkedosen haben oft Pfand). Größere Metallteile werden oft getrennt gesammelt und gehören auf keinen Fall in die Restmülltonne.

- Papier: Wie Glas ist es sehr effizient zu recyceln und gehört damit unbedingt in die entsprechenden Sammelbehälter. Das rettet so manchen Baum

- Problemmüll wie alte Farbreste, Chemische Abfälle wie Pflanzenschutzmittel etc. gehören auch nicht in den Restmüll. Die Städtischen Entsorgungsbetriebe halten dafür Lösungen parat.

Plastik

Zum einmaligen Gebrauch, sogenanntes Single-Use Plastik, muss unbedingt vermieden werden. Egal ob als Plastiktüte beim Einkaufen oder am Obststand, bei Verpackungen, Einweggeschirr, Löffel beim Eis essen oder in Form von Strohhalmen. Es ist alles eine Ressourcenverschwendung und unnötiger Müll.

| | |
|---|---|
| Post | E-Mail statt Brief – solche oder ähnliche Aktionen bieten viele Unternehmen, zum Beispiel Versicherungen. Weniger Druck und Papier, weniger Transport. Und die meisten Unternehmen geben von ihrer Einsparung etwas ab in Form einer Spende für ein Naturschutz-Projekt. |
| Rasieren | Einmalrasierer sollten tabu sein – für Männer genauso wie für Frauen. Vielleicht stattdessen mal den guten alten Rasierhobel mit einer Wechselklinge ausprobieren und viel Plastik sparen.<br><br>Beim Rasierschaum lässt sich sehr viel Verpackungsmüll einsparen, wenn man mit dem Pinsel den Schaum aus Rasierseife selbst aufschlägt. Bitte möglichst ohne Palmöl. |
| Reisen | nachhaltiges Reisen ist nicht so einfach. Aber man kann viel dafür tun, dass man der Umwelt durch das Reisen möglichst wenig schadet. Eine Möglichkeit ist der CO2-Ausgleich, siehe oben. Aber man kann auch bei der Auswahl der Unterkunft darauf achten, dass diese in allen Belangen nachhaltig arbeitet. Durch die Nachfrage dessen wird dann auch das entsprechende Angebot vielfältiger. |

| | |
|---|---|
| Scheibenwischer | Sehr wichtig, dass sie gut wischen! Wenn sie es nicht mehr tun, muss man aber nicht gleich austauschen. Es gibt Werkzeug, mit dem man sie nachschneiden und so deutlich länger nutzen kann. |
| Silvesterböller | sind genauso wie Raketen ziemlich überflüssig. Neben Lärm und Müll hinterlassen sie auch extrem viel Feinstaub in der Luft. 17% der im Jahr durch Straßenverkehr erzeugten Menge Feinstaub werden in wenigen Stunden um den Jahreswechsel in die Luft gejagt.<br><br>Dazu stört die Geräuschkulisse viele Haus- und auch Wildtiere.<br>Und man verpulvert im wahrsten Sinne des Wortes unglaublich viel Geld. |
| Stand-By | Wenn wir alle darauf verzichten und zum Beispiel mit schaltbaren Steckdosenleisten richtig abschalten, können ein paar Kraftwerke eingespart werden, und den Geldbeutel schont es auch noch. Auch Ladekabel und -geräte, z.B. für Handys und Tablets, verbrauchen Strom, wenn kein Gerät angeschlossen ist, sie aber in der Steckdose bleiben |
| Strohhalme | aus Plastik? Bitte nicht! Es gibt gute Alternativen aus Glas, Bambus oder Edelstahl. Wenn es doch der einmalige Gebrauch sein muss, gibt es sie aus |

| | |
|---|---|
| | Papier oder als Nudeln. Und die meisten Getränke kommen auch ohne aus. Jedes Stück Plastik, das nur einmal benutzt wird, erhöht unsere Müllberge and Land und im Wasser. |
| Strom | Noch keinen Ökostrom? Wie, immer noch Atomstrom? Besser wechseln, der Atomstrom wird bald abgeschaltet. 😊 |
| Suchmaschine | Ecosia – schon mal gehört? Die Suchmaschine im Internet, die für jeden Suchvorgang Bäume pflanzt. (www.ecosia.org) |
| Taschentücher | Hatschi Gesundheit! Wo die Bazillen hingehören, findest du beim Toilettenpapier. Alternativ zum Einmalprodukt sind die waschbaren Taschentücher aus Biobaumwolle oder Hanf eine gute Möglichkeit, wenn man nicht gerade hochinfektiös ist. |
| Tee | Auch hier zunächst ein „Siehe Kaffee“. Besonders was Bio und Fair angeht. Aber auch in Bezug auf die Kapseln. Am besten ist loser Tee, der im Teesieb oder ähnlichem aufgegossen wird. |
| Toilettenpapier | Ja, auch der Bereich ist wichtig. Denn beim Klo ist die Endstation des Recycling-Kreislaufs. Daher macht es unbedingt Sinn, Recycling-Toilettenpapier und nichts anderes zu verwenden. |

Warum sollten wir uns mit frisch gefällten Bäumen den Hintern abwischen? Die sollte man, wenn überhaupt, dort einsetzen, wo das Papier dann auch dem Recycling-Kreislauf erhalten bleibt. Darauf verzichte ich beim Toilettenpapier lieber. Gleiches gilt für alle anderen Hygienepapiere wie Küchenrollen, Taschentüchern und Servietten.

Trinkwasser

Unser Leitungswasser ist an vielen Orten besser als manches Mineralwasser, das in Flaschen verkauft wird. Man tut sich selbst und der Umwelt also einen Gefallen, wenn man Leitungswasser trinkt, egal ob man dadurch Glas-Pfandflaschen oder Einweg-Plastik-Pfandflaschen einspart.

Upcycling

Das ist im Wesentlichen, wenn man aus Resten oder Abfällen, aber auch aus kaputten Gegenständen, etwas Neues mit anderer Funktion macht. Das Upcycling ist dem Recycling vorzuziehen, da es ressourcenschonender ist.

Valentinstag

Für viele ein Tag des Kommerzes, für andere ein Tag der Verliebten, an dem oft Unnützes verschenkt wird. Wenn du etwas verschenkst, bedenke, dass Rosen oft mit wenig Nachhaltigkeit aus Kenia kommen und zumindest ein Fairtrade

Siegel tragen sollten, wenn du sie kaufst. Für Schokolade gilt ähnliches. So gibt es dann auch die Möglichkeit, dass sich alle Beteiligten am Geschenk erfreuen.

Vögel — Sie freuen sich, wenn wir ihnen Nistkästen aufstellen und im Winter Futterhäuschen. Viele Arten sind mittlerweile darauf angewiesen. Und eine Bereicherung für den Garten ist es allemal.

Waschen 1) — Waschen stellt eine Umweltbelastung dar, vor allem, wenn man normale Waschmittel benutzt. Aber auch durch den Wasser- und Energieverbrauch. Kleidung sollte daher nicht unnötig oft gewaschen werden und Waschmittel sollten umweltfreundlich sein und verhalten dosiert werden. Zum Weichspüler findest du einen eigenen Eintrag. Als Ersatz für Waschmittel lassen sich Efeu oder Kastanien einsetzen. Einfach mal ausprobieren.

Waschen 2) — Gerade beim Waschen von Kunstfaser-Kleidung, speziell Fleece, werden viele Mikrofasern ins Abwasser gegeben, die in den Kläranlagen nicht herausgefiltert werden und so in Flüsse und Meere gelangen. Es gibt Waschsäcke, die diese Fasern auffangen und für eine Entlastung der Gewässer sorgen.

| | |
|---|---|
| Wasser 1) | Ist für uns selbstverständlich, es kommt in bester Qualität und schier unerschöpflich aus der Leitung. Trotzdem sollten wir sparsam mit dem wertvollen Gut umgehen. Es ist doch nicht unendlich vorhanden und die Aufbereitung und Bereitstellung ist aufwendig und verbraucht Energie. Daher sind wassersparende Armaturen neben wassersparendem Verhalten sehr sinnvoll. |
| Wasser 2) | Oft verwenden wir warmes Wasser, obwohl es gar nicht notwendig ist. Besonders passiert das beim Händewaschen an Einhebelmischern. Häufig ist man mit dem Waschen schon fertig, bevor überhaupt warmes Wasser aus dem Hahn kommt. Verbraucht wurde es aber trotzdem, es blieb nur ungenutzt in der Leitung hängen. |
| Wasserflasche | Beim Trinkwasser habe ich schon erwähnt, dass wir unser Leitungswasser trinken sollten. Wir können dazu, mit einer wiederverwendbaren Flasche, zum Beispiel aus Glas oder Edelstahl, die wir besonders auf Reisen dabeihaben, viel Geld und noch mehr Plastikmüll einsparen. |

| | |
|---|---|
| Wasserkocher | Tolle Sache. Leider wird es oft zu gut gemeint und es wird mehr Wasser erhitzt als benötigt, wodurch der Strombedarf steigt. Also immer nur so viel Wasser heiß machen, wie man gerade braucht. |
| Weichspüler | Bitte nicht den herkömmlichen Weichspüler verwenden. Entweder ein Produkt mit Umweltsiegel, das ohne mineralölbasierte Inhaltsstoffe auskommt, oder Essig. Das macht die Wäsche ebenfalls weich und der Essiggeruch verschwindet. Für guten Duft eventuell etwas Duftöl hinzufügen. |
| Wein | Muss es der aus Übersee sein? Es gibt in Europa so fantastische Weine, da kann man auf den problematischen Transport getrost verzichten. |
| Zähneputzen | Das Wasser sollte man währenddessen abstellen und nur zum Ausspülen wieder laufen lassen. Oder einen Becher benutzen. |
| Zahnbürste | Schon mal an die Variante aus Bambus mit biologisch abbaubaren Borsten gedacht? Wäre wieder ein Stück weniger Plastik! |

| | |
|---|---|
| Zahnpasta | Es gibt hervorragende Zahncremes aus natürlichen Inhaltsstoffen. Auch die Zahnputztabletten sind eine gute Alternative zur Müllvermeidung. |
| Zigaretten | Wenn du für dich entscheidest, deine Gesundheit zu riskieren, ist das okay. Dass du damit Schadstoffe in die Luft bläst ist schon weniger okay, besonders wenn andere Menschen passiv mitrauchen müssen. Wenn du unterwegs keinen Aschenbecher oder Sammelbehälter für die Kippen dabeihast und die Stummel dann aus dem Autofenster oder sonst wie in die Natur schmeißt, ist es absolut nicht okay. Die Filter enthalten Kunststoffe und zersetzen sich nur sehr schwer, es dauert bis zu 15 Jahre. Dazu sind sie eine Gefahr für Kinder und Tiere. Wenn du auf das Rauchen nicht verzichten kannst, dann rauch doch filterlos. Ist für dich zwar ungesünder, aber für die Natur deutlich besser. Ebenfalls eine für die Umwelt bessere Alternative ist das Selbstdrehen mit biologisch abbaubaren Filtern. |

## Anhang 2 – Übersicht Siegel und Label

Siegel und Label zur Nachhaltigkeit von Produkten, der Einhaltung von Öko-Standards, fairem Handel oder des Schadstoffgehalts gibt es viele. Daher ist es nicht so leicht, den Überblick zu behalten. Im nachfolgenden findest du eine Aufstellung der wichtigsten Zertifizierungen, Stand Frühjahr 2018. Da sich die Bedingungen im Laufe der Zeit ändern, ist es sinnvoll, sich den letzten Stand im Internet abzurufen. Seiten wie Utopia.de oder Greenpeace.de bieten Informationen, die immer wieder aktualisiert werden. Ebenfalls einen sehr guten Überblick bietet „Der Nachhaltige Warenkorb" vom Rat für nachhaltige Entwicklung:
https://www.nachhaltiger-warenkorb.de/siegel/

### Allgemein

**Blauer Engel**
Webseite: www.blauer-engel.de
Info von der Webseite: „Der Blaue Engel ist seit 40 Jahren das Umweltzeichen der Bundesregierung. Unabhängig und glaubwürdig setzt er anspruchsvolle Maßstäbe für umweltfreundliche Produkte und Dienstleistungen. Der Blaue Engel ist die Orientierung beim nachhaltigen Einkauf."
Lebensmittel werden vom Blauen Engel nicht betrachtet, ansonsten findet man aber für fast alle Produkte und Dienstleistungen des täglichen Lebens eine wichtige Orientierungshilfe für nachhaltige Kaufentscheidungen.

**EU Ecolabel**

Webseite: www.eu-ecolabel.de

Info von der Webseite: „Was ist das EU Ecolabel?

Das EU Ecolabel ist das in allen Mitgliedstaaten der Europäischen Union, aber auch von Norwegen, Liechtenstein und Island anerkannte EU-Umweltzeichen. Das 1992 durch eine EU-Verordnung (Verordnung EWG 880/92) eingeführte freiwillige Zeichen hat sich nach und nach zu einer Referenz für Verbraucher entwickelt, die mit dem Kauf von umweltfreundlicheren Produkten und Dienstleistungen zu einer Verringerung der Umweltverschmutzung beitragen wollen.

Welche Produkte und Dienstleistungen können mit dem EU Ecolabel gekennzeichnet werden?

Die Vergabe erfolgt an Produkte und Dienstleistungen, die geringere Umweltauswirkungen haben als vergleichbare Produkte. Mit dem EU Ecolabel soll der Verbraucher die Möglichkeit haben, umweltfreundlichere und gesündere Produkte identifizieren zu können. Das Spektrum reicht von Reinigungsprodukten über Elektrogeräte, Textilien, Schmierstoffe, Farben und Lacke bis zu Beherbergungsbetrieben und Campingplätzen. Ausgeschlossen von der Vergabe sind zum jetzigen Zeitpunkt Nahrungsmittel, Getränke, Arzneimittel und medizinische Geräte.“

## Fairer Handel

**Fairtrade**

Webseite: www.fairtrade-deutschland.de

Info von der Webseite: „Fairtrade verbindet Konsumentinnen und Konsumenten, Unternehmen und Produzentenorganisationen und verändert Handel(n) durch bessere Preise für Kleinbauernfamilien, sowie menschenwürdige Arbeitsbedingungen für Beschäftigte auf Plantagen in Entwicklungs- und Schwellenländern."

Fairtrade achtet auf die 3 Säulen der Nachhaltigkeit, daher sind die Produkte sehr oft auch mit einem Bio-Label ausgezeichnet.

**UTZ + Rainforest Alliance**

Webseite: https://utz.org/language-landingpage/german/

Anfang 2018 haben sich UTZ und die Rainforest Alliance zusammengeschlossen.

Info von der Webseite: „UTZ ist ein Programm und Label für nachhaltigen Anbau von Kaffee, Kakao und Tee. Wenn Sie das Logo auf einer Verpackung sehen, bedeutet das, dass die entsprechenden Rohstoffe – Kaffee, Kakao, Tee – nach den Anforderungen von UTZ angebaut und vermarktet wurden. Sie können sich darauf verlassen, dass dies besser für die Bauern, Arbeiter sowie deren Familie und Umwelt ist."

Das Label ist nicht so weitgreifend wie Fairtrade, stellt aber Mindeststandards für die soziale und ökologische Nachhaltigkeit sicher. Gerade bei Genussmitteln wie Kaffee, Tee und Kakao sollte auf der Welt niemand für unseren Genuss leiden müssen.

**fair spielt**

Webseite: https://www.woek.de/themen-projekte/fair-spielt/

Info von der Webseite: „Mit dem Projekt „fair spielt" setzt sich die Werkstatt Ökonomie dafür ein, dass bei der Herstellung von Spielzeug die Menschenrechte und grundlegende Arbeitsstandards eingehalten werden. Sie führt damit das Anliegen der Aktion fair spielt weiter, die von 1999 bis 2012 gemeinsam vom Bischöflichen Hilfswerk Misereor, der Kath. Frauengemeinschaft Deutschlands (kfd), dem Kath. Arbeitnehmer-Bewegung Deutschlands (KAB), dem Nürnberger Bündnis Fair Toys und der Werkstatt Ökonomie getragen wurde.

Die Spielzeughersteller und den Handel fordern wir dazu auf, ihren Teil der Verantwortung zu übernehmen und für menschenwürdige Arbeitsbedingungen in ihrer Lieferkette zu sorgen. Einen ersten Schritt dazu können sie tun, indem sie und ihre Lieferanten sich konsequent und transparent am ICTI CARE-Prozess, dem Zertifizierungsprogramm des Weltverbandes der Spielwarenindustrie (ICTI), beteiligen."

## Lebensmittel und Getränke

**Vegan**

Durch vegane Ernährung oder auch durch die Nutzung veganer Lebensmittel kann man einen großen Beitrag zum Umweltschutz leisten. Erkennen lassen sich die Produkte durch entsprechende Label. Am häufigsten sind die „Veganblume" und das „V-Label".

**Veganblume der „The Vegan Society“ aus England**
Webseite: https://www.vegansociety.com/
Die Veganblume deckt die Bereiche Ernährung und Getränke, aber auch Kosmetik ab und kennzeichnet vegane Produkte. Bei der Veganblume ist Gentechnik möglich, wenn sie explizit ausgewiesen wird.

**V-Label der „European Vegetarian Union“**
Webseite: https://www.v-label.eu/de/
Das V-Label kennzeichnet Ernährung und Getränke als vegetarische oder vegane Produkte. Man muss also auf den entsprechenden Schriftzug unter dem V-Logo achten.

**EU Bio-Siegel**
Webseite:
https://ec.europa.eu/agriculture/organic/index_de
Die EU-Norm hat das deutsche Biosiegel 2010 abgelöst. Man sieht es aber noch neben dem grünen Blatt mit den Euro-Sternen auf den Produkten. Kritiker bezeichnen den Standard auch als „Bio light“, da es zum Teil deutlich geringere Anforderungen stellt als andere Label.

**Demeter**
Webseite: www.demeter.de
Das Bio-Label mit den vermutlich strengsten Richtlinien. So ist es in den Anforderungen den anderen, hier genannten Labeln immer gleichwertig oder strenger, lässt keine Enthornung von Rindern zu, erlaubt weniger Hennen pro Quadratmeter und pro Gebäude und die wenigsten Lebensmittel-Zusatzstoffe.

Bio ist hier sicher nicht nur ein Marketingmittel, sondern die Philosophie. Allerdings weiß man auch bei Demeter nicht, ob die Kuh zum Grasen auf der Weide war oder ihr Grünzeug angebunden im Stall fressen musste. Bio ist also kein Freifahrtschein für ungehemmten Konsum, auch Demeter-Bio nicht.

**Bioland**

Webseite: www.bioland.de

Bioland ist der größte Verband für ökologischen Landbau in Deutschland. Die Anforderungen sind in einigen Bereichen etwas weniger streng als bei Demeter, insgesamt aber vergleichbar. Auch bei Bioland wird viel Wert auf Nachhaltigkeit und artgerechte Haltung der Tiere gelegt, aber auch hier gibt es Ausnahmen. Zum Beispiel wird im Sommer der Weidegang bei Kühen eingefordert, ist aber kein zwingendes Muss.

**Naturland**

Webseite: www.naturland.de

Neben Demeter und Bioland der dritte große Zertifizierungsverband in Deutschland. Die Regelungen sind mit Bioland vergleichbar, allerdings zum Teil auch breiter angelegt. So gibt es zum Beispiel auch Vorgaben für die Fischerei, Waldnutzung und Holzverarbeitung.
Darüber hinaus gibt es noch „Naturland Fair". So werden Produkte gekennzeichnet, die die Naturland-Anforderung erfüllen und dazu fair gehandelt werden.

**ECOVIN**

Webseite: http://www.ecovin.de/

Info von der Webseite: „Seit seiner Gründung 1985 steht der größte Verband ökologisch arbeitender Weingüter für mehr als die Erzeugung guter Weine: ECOVIN-Mitglieder identifizieren sich mit Artenvielfalt, dem Respekt vor der Natur, mit Sinnhaftigkeit und Ästhetik."

Das Label weist Bioweine von deutschen Weingütern aus und legt dabei die Richtlinien des EU-Biosiegels zugrunde und legt darüber hinaus Wert auf die 3 Säulen der Nachhaltigkeit.

**Gepa**

Webseite: http://www.gepa.de/home.html

Info von der Webseite: „Persönlich, langfristig und glaubwürdig: Seit unserer Gründung vor über 40 Jahren handeln wir fair. Fairer Handel ist der Kern unserer Unternehmensphilosophie. Das haben auch unsere Gesellschafter, ausnahmslos kirchliche Entwicklungs- und Jugendorganisationen, im Gesellschaftsvertrag festgeschrieben:

Unsere drei Kernziele:

- benachteiligte Produzentengruppen im Süden fördern
- Verbraucherinnen und Verbraucher im Norden zu einem anderen Einkaufsverhalten und einem anderen Lebensstil motivieren
- Welthandelsstrukturen durch konkrete Alternativen, Lobbyarbeit und politische Arbeit beeinflussen und verändern"

Gepa ist kein Label, sondern ein Handelsunternehmen. Laut eigener Aussage sind zusätzlich zum fairen Handel 78% der Rohstoffe aus geprüft biologischem Anbau.

**ASC – Aquaculture Stewardship Council**
Webseite: https://www.asc-aqua.org/de/
Info von der Webseite: „Die Vision des ASC ist:
Eine Welt, in der Aquakultur gleichzeitig eine wichtige Rolle bei der globalen Ernährungssicherheit spielt sowie soziale Vorteile für die Menschheit schafft, während negative Auswirkungen auf die Umwelt minimiert werden."
Das Label entstand unter anderem durch eine Initiative des WWF und beschränkt sich auf Zuchtfische.

**MSC – Marine Stewardship Council**
Webseite: https://www.msc.org/
Info von der Webseite: „Was wir tun:
Der MSC (Marine Stewardship Council) wurde 1997 ins Leben gerufen, um eine Lösung für das globale Problem der Überfischung zu bieten. Wir sind eine gemeinnützige, unabhängige Organisation zum Schutz der Meere. Das MSC-Siegel ist das weltweit anerkannteste Zeichen für nachhaltige Fischerei.
Unsere Vision, unsere Mission:
Unsere Vision sind Ozeane, in denen marines Leben wächst und gedeiht und deren Ertragsfähigkeit für die heutige, wie für künftige Generationen gesichert ist.
Deshalb ist es unsere Mission, mithilfe des MSC-Programms einen Beitrag zu gesunden Weltmeeren zu

leisten. Durch das Anerkennen und Belohnen nachhaltiger Praktiken beim Fischfang, das Beeinflussen von Verbraucherentscheidungen beim Kauf von Fisch und Meeresfrüchten und die Zusammenarbeit mit Partnern wollen wir die Fischerei in einen nachhaltigen Wirtschaftssektor verwandeln."

Mein Gedanke dazu ist, dass erstaunlich viele Fischprodukte im normalen Supermarkt dieses Label haben. Kann das dann wirklich noch nachhaltig sein?

**Followfish**

Webseite: http://www.followfish.de/

Info von der Webseite: „Followfish ist keine Marke, sondern eine Bewegung. Eine Bewegung, die für Transparenz, Nachhaltigkeit und wahren Geschmack steht. Eine Bewegung, welche Synonym ist für eine andere Lebensmittelwelt. Eine Lebensmittelwelt, in der die Produzenten wieder ein Gesicht bekommen. Eine Welt, in der Ressourcen nicht verschwendet, sondern geschont werden. Wo ganzheitlich und langfristig gewirtschaftet wird. Eine Welt, wo wir wieder vom Ertrag leben, nicht von der Substanz.

Konkret steht Followfish für nachhaltig gefangene oder gezüchtete Fischprodukte höchster Qualität."

Followfish ist kein Label, sondern ein Unternehmen, dass nach eigener Aussage als erstes die strengen Kriterien des WWF erfüllt. Es wird Bio-Fisch aus Aquakulturen, zum Teil mit Naturland-Zertifizierung, sowie Wildfang mit MSC- oder Naturland-Zertifizierung angeboten. Der Kunde kann über den Code auf der Verpackung die genaue Herkunft und Lieferkette des Fischs erfahren.

**RSPO – Roundtable on Sustainable Palm Oil**

Webseite: https://www.rspo.org/about (Englisch)

Info von der Webseite: „The RSPO was established in 2004 to promote the production and use of sustainable palm oil for People, Planet, and

Prosperity.“ Übersetzung: Der RSPO wurde 2004 gegründet, um die Produktion und Nutzung von nachhaltigem Palmöl zu unterstützen, zum Wohl der Menschen, des Planeten und des Wohlstands.

Die Gründung der Organisation geht auf eine Initiative des WWF zurück. Laut RSPO liegt der Anteil an RSPO zertifiziertem Palmöl Anfang 2018 bei 19%. Die Organisation wird häufig für ihre sehr laschen Regeln kritisiert. Aber wenn man schon Produkte mit Palmöl nutzt, sollte man auf das Siegel achten, auch wenn es sicher stark verbesserungswürdig ist. Das gilt leider für viele Siegel, bei denen die betroffene Industrie sich die Regeln selbst macht und anschließend auch selbst zertifiziert.

**Pro-Planet**

Webseite: http://proplanet-label.com/

Info von der Webseite: „Bei der REWE Group geht es schon längst nicht mehr nur um die Qualität der Produkte – ökologische und soziale Nachhaltigkeit spielen mittlerweile eine ebenso bedeutende Rolle. Und damit das alles beim Einkauf ganz leicht zu finden ist, bietet das blauweiße PRO PLANET-Label eine zuverlässige Orientierung.“

Das Label gehört zur Rewe Firmengruppe. Und das setzt es gleichmal in ein besonderes Licht, auch weil vorrangig die hauseigenen Marken dieses Siegel tragen. Warum nicht auf bestehende und unabhängige Label setzen? Zum Teil sind diese zwar zusätzlich vergeben, zum Beispiel UTZ oder MSC. Mir persönlich geht das aber nicht weit genug, besonders, da es um umweltfreundlichere und nachhaltigere Produkte geht. Das heißt nicht automatisch, dass sie umweltfreundlich oder nachhaltig sind. So haben diese Produkte selten ein Bio-Label. Bei aller Kritik wird bei der Vergabe aber schon genau auf die Zuliefer-Ketten geschaut. Das, im Übrigen, auch bei Non-Food Artikeln. So ist die Ware mit dem Siegel besser als solche komplett ohne und daher ist es auch nicht als reine Marketing-Idee abzutun. Es steckt echtes Engagement dahinter, auch wenn es in vielen Bereichen nicht weit genug geht. Aber uns bringen ja auch kleine Schritte dem Ziel näher.

## Kosmetik, Wasch- und Reinigungsmittel

### Vegan

Wenn dir wichtig ist, dass für deine Kosmetik-Produkte weder Tierversuche noch tierische Inhalts- oder Hilfsstoffe zum Einsatz kommen, ist die „Veganblume“ der „The Vegan Society“ wohl das beste Orientierungszeichen für dich.

### BDIH Standard

Webseite: https://www.kontrollierte-naturkosmetik.de/

Info von der Webseite: „Der BDIH Standard hat das Ziel, den Begriff Naturkosmetik im Interesse des

Verbrauchers sachlich korrekt und nachvollziehbar zu definieren und Transparenz zu schaffen. Darüber hinaus soll er einen fairen Wettbewerb der Hersteller und Vertreiber von Naturkosmetika ermöglichen. Der Standard beschreibt Anforderungen, welche sich auf die Gewinnung bzw. Erzeugung der Kosmetik-Rohstoffe sowie auf deren Verarbeitung beziehen. Hierbei werden die Belange des Tier- und Artenschutzes besonders berücksichtigt."

Vom Rohstoff über die Verarbeitung bis zum Endprodukt werden hohe Anforderungen gesetzt, auch in Bezug auf Arten- und Tierschutz sowie soziale Aspekte.

**Human Cosmetic Standard (springender Hase)**

Webseite: http://www.leapingbunny.org/ (Englisch)

Das Label wurde von Tierschutzorganisationen entwickelt und zeichnet Kosmetik- und Haushaltsprodukte aus, die ohne Tierversuche entwickelt wurden.

**IHTK (Hase mit schützender Hand)**

Webseite: http://www.ihtn.de/_start.html

Info von der Webseite: „Das Logo "Hase mit schützender Hand" ist eine international eingetragene Marke und steht für tierversuchsfreie Kosmetik seit 1979 mit den Schwerpunkten Naturkosmetik, dekorative Kosmetik, Wasch- und Reinigungsmittel nach den strengen Richtlinien des Deutschen Tierschutzbundes e.V., Bonn."

Der Fokus liegt auf der Zertifizierung von Naturkosmetik, für die keine Tierversuche gemacht wird und keine Inhaltsstoffe von gequälten oder toten Tieren verwendet werden. Sind tierische Inhaltsstoffe (zum Beispiel Milch oder Honig) vorhanden, so sollen diese aus ökologischer und artgerechter Haltung stammen.

**NATRUE**

Webseite: http://www.natrue.org/de/

Info von der Webseite: „NATRUEs Mission ist es, Natur- und Biokosmetik im Sinne der Verbraucher weltweit zu fördern und zu schützen.

Das NATRUE-Label setzt einen hohen Standard bei der Definition von Natürlichkeit der Kosmetik-produkte. Es hilft Verbraucher/innen, Natur- und Biokosmetik zu identifizieren, die diesen Namen wirklich verdient.

Bis dato tragen tausende von Produkten weltweit das NATRUE-Label und viele mehr befinden sich derzeit im Zertifizierungsverfahren.

Wenn Sie das NATRUE-Label auf einer Packung sehen, können Sie sich sicher sein, dass das darin enthaltene Produkt nicht nur die Voraussetzungen eines strengen Standards erfüllt, sondern auch, dass ein zuverlässiges Zertifizierungsverfahren durch unabhängige Zertifizierungsstellen durchgeführt wurde, die selber durch NATRUEs Partner IOAS einem strengen Zulassungsverfahren unterzogen wurden.“

Das Label ist mittlerweile auch in Deutschland stark verbreitet und stellt hohe Anforderungen an die Hersteller.

## Kleidung und sonstige Textilien

Einen sehr guten Überblick über verschiedene Label bekommt man auf den Internetseiten von Greenpeace: https://www.greenpeace.de/sites/www.greenpeace.de/files/publications/21_06_16_greenpeace_textil-label-juni_2016.pdf
Daher werde ich im Folgenden die gängigsten Label nur kurz vorstellen.

**IVN – Internationaler Verband der Naturtextilwirtschaft e.V.**
Webseite: http://naturtextil.de/
Info von der Webseite: „Der IVN ist ein Zusammenschluss von über 100 Unternehmen aus allen Bereichen der Leder- und Textilwirtschaft, die gemeinsam für ökologische und sozialverantwortliche Wirtschaftsweisen eintreten. Als Branchenverband verstehen wir uns als deren Sprachrohr und Förderer. Für Presse und Öffentlichkeit bieten wir qualifizierte Informationen zu Themen wie Umweltschutz, Soziale Verantwortung, Transparenz und Verbrauchergesundheit."
Laut Greenpeace ist dieses Siegel das Strengste unter den Bekleidungssiegeln.

**GOTS – Global Organic Textile Standard**

Webseite: http://www.global-standard.org/de/

Info von der Webseite:“ Umfassende Richtlinien für eine ökologische und sozial verantwortliche Textilproduktion.

Eine ökologische und sozial verantwortliche Textilproduktion soll mehr und mehr in Mode kommen und zur Selbstverständlichkeit in der Branche werden. Der Global Organic Textile Standard (GOTS) setzt diesbezüglich im wahrsten Sinn ein Zeichen. Er wurde von international führenden Standardorganisationen entwickelt. Handel und Industrie hatten zuvor nachdrücklich einheitliche Verarbeitungskriterien für Biofasern gefordert. So wurden weltweit anerkannte Richtlinien erarbeitet, die eine nachhaltige Herstellung von Textilien gewährleisten, angefangen von der Gewinnung der biologisch erzeugten, natürlichen Rohstoffe über eine umwelt- und sozialverantwortliche Fertigung bis hin zur transparenten Kennzeichnung. Das GOTS Logo und -Lizenzierungssystem soll dem Verbraucher eine glaubwürdige Qualitätssicherheit bieten.“

Ein sehr umfassendes Siegel, das eine Zertifizierung durch unabhängige Zertifizierer vor Ort vorsieht. Dazu gehört eine jährliche Rezertifizierung.

**Textiles Vertrauen – Oeko-Tex 100, Oeko -Tex 100 Plus, Oeko -Tex Made in Green und Oeko -Tex Leather Standard**

Webseite: https://www.oeko-tex.com/de/consumer/consumers_home/consumers_home.xhtml

Info von der Webseite: „Der STANDARD 100 by OEKO-TEX® ist ein unabhängiges Produktlabel für schadstoffgeprüfte Textilien aller Art - vom Garn und Stoffen bis hin zum gebrauchsfertigen Artikel, den Sie im Laden kaufen können.“

Oeko-Tex 100:

Basisanforderungen an Schadstofffreiheit. Am weitesten verbreitet, aber auch die geringsten Anforderungen, deutlich unterhalb der Standards von IVN oder GOTS.

Oeko-Tex 100 Plus:

Oeko-Tex 100, erweitert um die Anforderungen der Produktion in umweltfreundlichen und sozialverträglichen Betrieben.

Oeko-Tex Made in Green:

Schadstoffgeprüft, umweltfreundlich und an sozialverträglichen Arbeitsplätzen produziert. Dazu hat jedes Kleidungsstück mit dem Label einen Code, der eine Rückverfolgbarkeit der Produktionsstufen und -länder garantiert.

**Bluesign**
Webseite: https://www.bluesign.com/de/
Info von der Webseite: „Das bluesign® system ist die Lösung für eine nachhaltige Herstellung von Textilien. Es schließt umweltbelastende Substanzen von Anfang an aus dem Fertigungsprozess aus, legt Richtlinien fest und kontrolliert deren Einhaltung für eine umweltfreundliche und sichere Produktion. Dadurch wird einerseits sichergestellt, dass das textile Fertigprodukt strengsten Verbraucherschutz-anforderungen weltweit standhält. Andererseits gibt es dem Konsumenten das Vertrauen, ein nachhaltig hergestelltes Produkt zu erwerben.“
Es wird die komplette Kette betrachtet und die Ausschluss-Liste der verbotenen Substanzen ist sehr umfangreich.

**Fairwear**
Webseite: https://www.fairwear.org/about/
Info von der Webseite: „Fair Wear Foundation is a non-profit organisation that works with brands, factories, trade unions, NGOs and sometimes governments to verify and improve workplace conditions in 11 production countries in Asia, Europe and Africa. FWF keeps track of the improvements made by the companies it works with. And through sharing expertise, social dialogue and strengthening industrial relations, FWF increases the effectiveness of the efforts made by companies. FWF's more than 80 member companies represent over 120 brands, and are based in Europe; member products are sold in over 20,000 retail outlets in more than 80 countries around the world. Change

requires a major joint effort. We therefore invite companies to join FWF and make a difference."
Es geht um faire und sichere Arbeitsbedingungen in 11 Produktionsländern in Asien, Europa und Afrika. Das Label deckt somit die soziale Nachhaltigkeit ab.

**Blauer Engel**, **EU Ecolabel** und **Fairtrade** sind im Textilbereich ebenfalls vertreten, aber bisher noch eher unbedeutend.

## Haushalt, Büro, Wohnen und Einrichten

**EU Energielabel**
Eine gute Übersicht liefert Wikipedia:
https://de.wikipedia.org/wiki/Energieverbrauchskennzeichnung
Gemäß der EU Richtlinie wird für Haushaltsgeräte, aber auch Gebäude und Autos, mit diesem Label der Energieverbrauch aufgezeigt, so dass man diese bei der Kaufentscheidung sehen und berücksichtigen kann.
Seit 2017 ist das Label vereinfacht, anstatt mit A+++ fängt es nun wieder bei A an und reicht bis G.

**FSC – Forest Stewardship Council**
Webseite: http://www.fsc-deutschland.de/de-de
Info von der Webseite: „Der FSC wurde gegründet, um eine
•ökologisch angepasste
•sozial förderliche
•wirtschaftlich rentable

Bewirtschaftung der Wälder dieser Welt zu fördern und somit zu gewährleisten, dass Bedürfnisse der heutigen Generation befriedigt werden können, ohne die Bedürfnisse zukünftiger Generationen zu gefährden."
Gekennzeichnet werden Holz und Holzprodukte aus nachhaltiger Waldwirtschaft. Das reicht von Papier und Papierprodukten jeglicher Art bis hin zu Bauholz und Möbeln. Es gibt drei Einstufungen: „100%", „Mix" und „Recycled".
Mein persönliches Gefühl ist, dass viel zu viele Produkte mit diesem Siegel ausgestattet sind, so dass ich stark anzweifle, dass hier wirklich von Nachhaltigkeit ausgegangen werden kann.

**PEFC - Programm für die Anerkennung von Waldzertifizierungssystemen**
Webseite: www.PEFC.de
Info von der Webseite: „PEFC ist die größte Institution zur Sicherstellung und Vermarktung nachhaltiger Waldbewirtschaftung durch ein unabhängiges Zertifizierungssystem."
Ähnlich wie beim FSC werden verschiedenste Holzprodukte zertifiziert. Es geht um die nachhaltige Bewirtschaftung des Waldes, allerdings sind die Kriterien weniger streng als beim FSC.

**Natureplus – natureplus e.V. – Intern. Verein für zukunftsfähiges Bauen und Wohnen**
Webseite: http://natureplus.org/index.php?id=6&L=2
Info von der Webseite: „Wir zeigen den Weg zu nachhaltigen Bauprodukten.
Etwa 40 Prozent des weltweiten Ressourcen-Verbrauchs und 30 Prozent des weltweiten Energie-Verbrauchs sind auf den Gebäudebereich, auf Bauen und Wohnen, zurückzuführen. Die europäische Vereinigung natureplus setzt sich für nachhaltigen Ressourceneinsatz und für Klimaschutz bei der Herstellung von Bauprodukten ein. Mehr als 90 Prozent unserer Lebenszeit verbringen wir Europäer in geschlossenen Räumen. Die dort verwendeten Bauprodukte haben großen Einfluss auf die Gesundheit der Nutzer. Die europäische Vereinigung natureplus fördert die Verwendung von Bauprodukten, die hinsichtlich ihrer Gesundheitswirkungen streng überprüft sind. Um diese Ziele zu erreichen, hat natureplus das natureplus® Gütesiegel geschaffen. Produkte, die dieses Siegel tragen, erfüllen hohe Standards bezüglich Klimaschutz, Wohngesundheit und Nachhaltigkeit.
Dieses Qualitätszeichen soll Verbrauchern und Bauprofis Orientierung bieten, die nachweislich besten Produkte auf dem Markt zu identifizieren. Die EU-Bauproduktenverordnung (EU CPR 305:2011) fordert eine Deklaration der Produkteigenschaften (performance declaration) hinsichtlich Ressourcen-verbrauch, Hygiene und Umweltschutz. Das natureplus®-Gütesiegel kennzeichnet die besten Produkte für Nachhaltiges Bauen."

Es geht hauptsächlich um Baumaterialien, aber auch um Wand- und Bodenbeläge und Farben. Bei der Vergabe steht die Umwelt- und Gesundheits-Verträglichkeit mit engen Schadstoffgrenzwerten im Vordergrund.

**ÖkoControl**

Webseite: http://www.oekocontrol.com/der-verband/

Info von der Webseite: „Was ist ÖkoControl eigentlich? ÖkoControl ist die Gesellschaft für Qualitäts-Standards ökologischer Einrichtungshäuser. Etwa 50 ökologisch engagierte Möbelhändler haben sich 1994 in einem Verband zusammengeschlossen. Ziel dieser Öko-Vorreiter unter den Einrichtern ist es, Verbrauchern, Händlern und Herstellern mehr Sicherheit beim gesunden Wohnen und Schlafen zu geben.

Mit ÖkoControl hat der Verband ein wirkungsvolles Instrument zur Kontrolle der angebotenen Produkte geschaffen. Erst wenn ein Möbel oder eine Matratze die strengen Tests nach den ÖkoControl Kriterien bei unabhängigen Prüfinstituten bestanden hat, erhält es das grüne ÖkoControl-Siegel für bestmögliche Sicherheit beim gesunden Wohnen und Schlafen."

Möbel und Matratzen müssen für die Zertifizierung hohe Anforderungen an Schadstofffreiheit, Materialbeschaffenheit, Herkunft, Produktion und Recycling-Fähigkeit erfüllen.

**GoodWeave**
Webseite: www.goodweave.de
Info von der Webseite: „Kinderarbeit in der Teppichindustrie abzuschaffen, ist das Kernziel des GoodWeave-Programms. Ebenso sollen die Arbeitsbedingungen für erwachsene Teppichknüpfer verbessert und soziale und Umweltstandards eingehalten werden."

**Emissionslabel DGM – Deutsche Gütergem. Möbel**
Webseite: http://www.dgm-moebel.de/
Info von der Webseite: „Ein Emissionslabel gibt dem Verbraucher Informationen zur Schadstoffemission und soll ihn vor gesundheitlichen Beeinträchtigungen schützen."
Zertifiziert werden können sowohl Möbel, als auch Matratzen. Getestet werden sie auf die Ausgasungen von Schadstoffen. A entspricht den Anforderungen des Blauen Engels, D erfüllt die gesetzlichen Mindestanforderungen.
Dazu gibt es von der DGM noch den Klimapakt, ein Label, das die Firmen für ihren CO2-Fußabdruck und das Streben nach Klimaneutralität auszeichnet.

Auch der **Blaue Engel** ist im Bereich Möbel und Matratzen vertreten und sicher auch dort ein sinnvolles Label.

## Energie

### OK Power

Webseite: http://www.ok-power.de/

Info von der Webseite: „Ökostromtarif ist nicht gleich Ökostromtarif. Aber wer als Verbraucher kann schon erkennen, welcher Tarif die Energiewende fördert und welcher nicht? Genau deshalb wird das ok-power-Siegel verliehen – Deutschlands führendes Gütesiegel für Ökostromprodukte. Neutral und transparent bringt es Klarheit in den Ökostrommarkt. Über die Zertifizierung nach strengen Kriterien wacht der unabhängige, gemeinnützige EnergieVision e.V."

Hier wird hinter die Kulissen geschaut, vor allem hinter die der Erzeuger. Nur die, die wirklich die Energiewende fördern und auf wichtige Umweltaspekte achten, erhalten dieses Siegel.

### Grüner Strom Label und Grünes Gas Label

Webseite: http://www.gruenerstromlabel.de/

Info von der Webseite: „Der Grüner Strom Label e.V. zertifiziert grüne Energieprodukte. Der Verein vergibt zu diesem Zweck zwei Gütesiegel: Das Label Grünes Gas für umweltverträgliches Biogas und das Label Grüner Strom für Ökostrom mit Mehrwert."

Das Label wird von Umwelt- und Verbraucherverbänden getragen.

Strom: Das Label stellt beim Strom sicher, dass zu 100% Ökostrom geliefert wird und ein Anteil am Strompreis zur Förderung neuer, regenerativer Energiequellen und -projekten genutzt wird. Dazu dürfen die zertifizierten

Unternehmen keine Anteile an Atomkraftwerken haben oder neue Anteile an Kohlekraftwerken erwerben.
Gas: Es müssen mindestens 10% Biogas in der Gesamt-Gasmenge enthalten sein. Das Biogas wird aus biogenen Rohstoffen hergestellt, wobei der Schwerpunkt auf Reststoffe gesetzt wird.

## Urlaub

### BIO HOTELS

Webseite: https://www.biohotels.info/de/
Info von der Webseite: „Ihre Gastgeber mit höchstem ökologischem Anspruch: Weit mehr als ein Jahrzehnt ist schon vergangen, seitdem die ersten BIO HOTELIERS sich zusammenschlossen, um Bio-Urlaub mit nachvollziehbaren, zukunftsweisenden Ideen und Leitlinien anzubieten. Heute sind die BIO HOTELS der größte Zusammenschluss ökologischer Hotels: Die fast 100 BIO HOTELS in sechs europäischen Ländern bieten – zusammengefasst in „7 Kernkompetenzen" - alles, was Sie von einem Bio-Urlaub und Familienurlaub, Wellness-Wochenende, einem nachhaltigen Tagungsangebot und ökologisch orientiertem Service für Geschäftsreisen erwarten. Auch für Hochzeit & Feiern finden sich in den BIO HOTELS die schönsten Locations: Ob am Meer, in den Bergen oder in traumhaft schönen Naturlandschaften.
Individuell und nachhaltig: BIO HOTELS in sechs Ländern Europas: Die BIO HOTELS sind so vielfältig wie ein bunter Blumenstrauß! Jedes Haus ist einzigartig

– allen gemeinsam ist die konsequente Einhaltung der Leitlinien der BIO HOTELS. Nachhaltiges Wirtschaften, regionaler Einkauf und umweltfreundliche Energie- und Abfallkreisläufe sind für alle BIO HOTELIERS verpflichtend. Als erste Hotel-Angebotsgruppe haben sich die BIO HOTELS einer Nachhaltigkeits-Zertifizierung unterzogen. Damit ist die ständige Verbesserung der CO2-Bilanz das erklärte gemeinsame Ziel."

**ehc – eco hotels certified**
Webseite: http://www.ehc-hotels.com/de/
Info von der Webseite (Auszug aus den Zielen von ehc): „Die Betriebsführung Ihres Hotels durch das ehc-Gütesiegel grundlegend umweltbewusster und energieeffizienter gestalten.
Transparente Darstellung der Daten aus dem ehc-Rechner. Ein Zertifikat weist den aktuellen CO2-Verbrauch des Betriebs pro Nacht pro Gast aus. Eine Energieberatung arbeitet auf Basis der Rechnereingabe weitere Verbesserungen aus."

**Fahrtziel Natur**
Webseite:
http://www.fahrtziel-natur.de/natur/view/index.shtml
Info von der Webseite: „Nachhaltige Mobilität sichert langfristig schützenswerte Naturlandschaften und erhält die biologische Vielfalt. Doch nicht nur das: Der Ausbau des öffentlichen Verkehrs und die Verbesserung der touristischen Angebote erhöhen die regionale Wertschöpfung und schaffen qualifizierte Arbeitsplätze.

Fahrtziel Natur bietet seit 2010 für jedes der 22 Schutzgebiete Ameropa-Angebote per Bahnanreise mit 100 Prozent Ökostrom an. Auch in den Gebieten vor Ort entwickeln sich immer bessere Mobilitätskonzepte, die sowohl von den Urlaubern, als auch von ortsansässigen Tourismus- und Mobilitätsanbietern anerkannt und geschätzt werden. Besonders hervorzuheben sind ganzheitliche Konzepte, wie Gästekarten, die eine einfache, kostenlose Mobilität vor Ort anbieten."
Eine Kooperation der Deutschen Bahn mit Umweltverbänden, bei denen der Fokus auf Nationalparks und Naturschutzgebieten liegt.

**Tour Cert**
Webseite: https://www.tourcert.org/
Info von der Webseite: „TourCert vereint Experten aus Tourismus, Wissenschaft, Umwelt, Entwicklung und Politik. Mit langjähriger Erfahrung setzen wir uns für einen verantwortungsvollen Tourismus ein. „Travel for Tomorrow" heißt für uns, die Reisewirtschaft zukunftsfähig zu machen – aber gleichermaßen, dass die Reisenden und die Menschen vor Ort auch in Zukunft noch etwas von den Reiseländern haben.
Zertifiziert wird die Nachhaltigkeit von Unterkünften, aber auch das Freizeitangebot wird mit einbezogen.

**Green Sign**
Webseite: http://www.greensign.de/
Info von der Webseite: „GreenSign steht für die Verknüpfung von Ökologie, Ökonomie und gesellschaftlicher Verantwortung als Ausdruck einer zukunfts-

fähigen Hotelführung. Wir verstehen „Grün" als Philosophie aus Innovation, Verantwortung und Qualität zur Minimierung unternehmerischer Risiken. Für den Konsumenten sehen wir „grüne Hotels" nicht als Produkt mit Komfortverzicht, sondern als bestmögliche Wahl für Urlaub und Veranstaltungen. Wir ermöglichen Kunden in GreenSign zertifizierten Häusern „grün" auf eine einmalige Art und Weise zu erleben: authentisch, individuell und motiviert. Wir schaffen so Erlebnisse, die indirekt dazu beitragen, Kunden für Nachhaltigkeit zu sensibilisieren und zu begeistern. Wir von InfraCert gestalten „Grün" zusammen mit Wissenschaft, Hotelakteuren und Partnern der Hotelindustrie."

Die Zertifikate haben eine Gültigkeit von 3 Jahren und sind 5-stufig, je nach Erfüllungsgrad der 85 Kriterien, die auf internationalen Rahmenwerken wie der ISO 14001 (Umweltmanagement), der ISO 26001 (Corporate Social Responsibility) und Nachhaltigem Tourismus nach GSTC beruhen.

**EU Ecolabel**

Webseite: http://ec.europa.eu/ecat/hotels-campsites/en

Das Umweltzertifikat der Europäischen Union bewertet ebenfalls Hotels und Campingplätze.

Eine Liste der zertifizierten Betriebe findet man auf der Webseite.

**Viabono**

Webseite: https://www.viabono.de/

Info von der Webseite: „Die Viabono GmbH wurde 2001 auf Initiative des Bundesumweltministeriums, des

Umweltbundesamtes und diverser Spitzenverbände mit dem Ziel gegründet, den nachhaltigen Tourismus in Deutschland zu fördern. Heute setzt sich der Viabono Trägerverein e. V. aus insgesamt 17 national agierenden Verbänden zusammen.
In den letzten 15 Jahren hat sich die Viabono GmbH, als ein Unternehmen des Viabono Trägervereins e. V., als unabhängige und führende Fachorganisation für Umwelt- oder Nachhaltigkeitszertifizierungen in der Freizeit- und Tourismusbranche etabliert."
Viabono unterscheidet verschiedene Tourismus-Branchen und Zertifizierungen zum CO2-Verbrauch, Klimaneutralität und Umwelt- und klimafreundlichem Reisen.

**Sonstige**
Es gibt viele weitere Organisationen, die den nachhaltigen Tourismus fördern oder als Plattform für entsprechende Betriebe dienen.
Hier noch ein paar:
**Forum Anders Reisen:**
https://forumandersreisen.de/startseite/aktuelles/
**Green Pearls:** https://www.greenpearls.com/de/
**Blaue Schwalbe:**
https://www.wirsindanderswo.de/home/
**Alpine Pearls:** https://www.alpine-pearls.com/
**Das Österreichische Umweltzeichen:**
https://www.umweltzeichen.at/cms/de/tourismus/content.html
**Ibex Fairstay:** http://ibexfairstay.ch/

## Anhang 3 – Online-Petitionen

- Avaaz – www.avaaz.org
- Campact – www.campact.de
- Change.org – www.change.org
- openPetition – www.openPetition.de
- SumOfUs – www.sumofus.org
- Pact - https://www.facebook.com/WildlifePactPact/
- Rettet den Regenwald e.V. – www.regenwald.org
- World Wildlife Fund – WWF – www.wwf.de
- Greenpeace – www.greanpeace.de
- Rainforest Action Network – www.ran.org/

# Anmerkungen und Quellen


1. Wikipedia: Nachhaltigkeit, abgerufen am 13.05.17: https://de.wikipedia.org/wiki/Nachhaltigkeit
2. Wikipedia: Drei-Säulen-Modell (Nachaltigkeit), abgerufen am 13.05.17: https://de.wikipedia.org/wiki/Drei-S%C3%A4ulen-Modell_(Nachhaltigkeit)
3. Agenda 2030 der Vereinten Nationen - http://www.bmz.de/de/ministerium/ziele/2030_agenda/dokumente_und_links/index.html, abgerufen am 20.08.2017
4. Das Schrumpfen und Wachsen der Wälder Europas, http://www.zeit.de/wissen/umwelt/2011-11/entwicklung.-waldbestaende-europa, abgerufen am 10.08.2017
   und
   Die Geschichte des Waldes in Mitteleuropa, http://www.tierfreund.de/die-geschichte-des-waldes-in-mitteleuropa/, abgerufen am 10.08.2017
5. Regenwaldentwicklung in Brasilien und Indonesien, http://www.faszination-regenwald.de/info-center/zerstoerung/flaechenverluste.htm; https://de.actualitix.com/land/bra/brasilien-waldflache.php
   und
   https://de.actualitix.com/land/idn/indonesien-waldflache.php, alle abgerufen am 12.08.2017
6. Rettet den Regenwald e.V. - https://www.regenwald.org/themen/der-regenwald und WDR – http://www1.wdr.de/kinder/tv/neuneinhalb/mehrwissen/lexikon/r/lexikon-regenwald-100.html, beide abgerufen am 13.08.2017

7. http://www.spiegel.de/wissenschaft/natur/palmoel-alternative-oele-koennen-umweltprobleme-verschaerfen-a-1110104.html, abgerufen am 16.08.2017
8. https://www.ndr.de/ratgeber/verbraucher/Wie-bedenklich-ist-Palmoel-fuer-die-Gesundheit,palmoel104.html und https://utopia.de/galerien/palmoel-produkte-marke-palmoelfreie-alternativen/#1 und https://de.wikipedia.org/wiki/Palm%C3%B6l – alle drei abgerufen am 15.08.2017
9. Sarah Waltinger
Webseite: https://itchyfeet-travel.de/
Facebook: https://www.facebook.com/itchyfeetblog/
Instagram: https://www.instagram.com/itchy.feet.blog/
Pinterest: https://www.pinterest.de/sarahitchyfeet/
10. CO2-Kompensation für Reisen – Atmosfair – www.atmosfair.de
11. Pack for a Purpose: https://www.packforapurpose.org/
12. Süddeutsche Zeitung: Die größten Müll-Mythen: http://sz.de/1.3490012, abgerufen am 13.05.17 und: Deutschland ist ein Wegwerfland - na und? – http://sz.de/1.3497655, abgerufen am 13.04.17
13. Wenn Verpackung ihren Sinn verfehlt – Süddeutsche Zeitung - http://sz.de/1.3496990 - abgerufen am 01.11.17
14. Umweltbundesamt – Abfallaufkommen 2015 – http://www.umweltbundesamt.de/daten/abfall-kreislaufwirtschaft/abfallaufkommen#textpart-3, abgerufen am 04.09.2017
15. Deutschlandfunk - Deutschland und sein Müll: Getrennt, geordnet - aber nicht immer verwertet - http://www.deutschlandfunk.de/deutschland-und-sein-muell-getrennt-geordnet-aber-nicht.724.de.html?dram:article_id=394419 – abgerufen am 28.08.17

16. Fairtrade Deutschland, https://www.fairtrade-deutschland.de/produkte-de/kaffee/hintergrund-fairtrade-kaffee.html, abgerufen am 25.07.17
17. So kommt Plastik in die Ozeane: https://utopia.de/plastik-studie-fluesse-plastikmuell-67103/ - veröffentlicht auf https://www.nature.com/articles/ncomms15611 - abgerufen am 31.10.17
18. China hat genug von Europas Müll - http://www.sueddeutsche.de/wirtschaft/abfallwirtschaft-china-hat-genug-von-europas-muell-1.3811255 - abgerufen am 03.01.2018
19. The Ocean Cleanup - https://www.theoceancleanup.com/ - abgerufen am 01.11.17
20. Marine Megafauna Foundation – www.marinemegafauna.org
21. Definition Mirkroplastik laut Umweltbundesamt - http://www.umweltbundesamt.de/service/uba-fragen/was-ist-mikroplastik - abgerufen am 31.10.17
22. Mikroplastik, die unsichtbare Gefahr. Der BUND Einkaufsratgeber - https://www.bund.net/fileadmin/user_upload_bund/publikationen/meere/meere_mikroplastik_einkaufsfuehrer.pdf - abgerufen am 03.11.17
23. Renato Pichler und Swissveg
Webseite: www.swissveg.ch
Infos über Renato: http://www.swissveg.ch/Renato_Pichler
Informationen zu Mangelerscheinungen: www.swissveg.ch/mangelerscheinungen
24. Was steckt in einem Kilo Rindfleisch - https://albert-schweitzer-stiftung.de/aktuell/1-kg-rindfleisch - abgerufen am 29.12.17

25. Fleischatlas 2018 - https://www.boell.de/sites/default/files/fleischatlas_2018_web.pdf - abgerufen am 13.01.18
26. Frauen schützen die Umwelt mehr - http://pressemitteilungen.pr.uni-halle.de/index.php?modus=pmanzeige&pm_id=1778 – abgerufen am 29.12.17
27. Wikipedia – Bio-Siegel - https://de.wikipedia.org/wiki/Bio-Siegel, abgerufen am 10.12.17
28. Geschlechtsbestimmung beim Hühnerei – https://www1.wdr.de/wissen/natur/kueken-geschlechtserkennung-methode-100.html - abgerufen am 27.12.17
29. Der Nachhaltige Warenkorb vom Rat für Nachhaltige Entwicklung – https://www.nachhaltiger-warenkorb.de/ - abgerufen am 11.03.2018
30. Welt – Sterben die Bienen, sterben auch Menschen - https://www.welt.de/wissenschaft/umwelt/article144151778/Sterben-die-Bienen-aus-sterben-auch-Menschen.html abgerufen am 29.12.17
31. Brigitte – Warum nachhaltige Möbel immer wichtiger werden - https://www.brigitte.de/leben/wohnen/gruenes-design--warum-nachhaltige-moebel-immer-wichtiger-werden-10194094.html - abgerufen am 22.02.2018
32. WWF – Baumwolle: Wie nachhaltig ist die Bekleidungsindustrie? - http://www.wwf.de/themen-projekte/landwirtschaft/produkte-aus-der-landwirtschaft/baumwolle/ - abgerufen am 20.01.18 und Greenpeace – Textil-Label unter der Detox-Lupe – https://www.greenpeace.de/sites/www.greenpeace.de/files/publications/21_06_16_greenpeace_textil-label-juni_2016.pdf - abgerufen am 20.01.18
und

Aethic - Wie wird mein T-Shirt produziert und was ist es wirklich wert? - http://www.aethic.de/2015/09/22/wie-wird-mein-t-shirt-produziert-und-was-ist-es-wirklich-wert/ - abgerufen am 20.01.18

33. Deutsche Kleiderstiftung - http://www.kleiderstiftung.de/startseite/ - abgerufen am 11.02.18
34. WWF – Skifahren-Wintersport mit Folgen - http://www.wwf.de/aktiv-werden/tipps-fuer-den-alltag/umweltvertraeglich-reisen/skifahren-wintersport-mit-folgen/ - abgerufen am 27.02.18
35. Greenpeace „Guide to Greener Electronics" - https://www.greenpeace.de/sites/www.greenpeace.de/files/publications/20171016-greenpeace-guide-greener-electronics-englisch.pdf, abgerufen am 01.12.17
36. Tests / Kalkulatoren für den ökologischen Fußabdruck:
    http://www.footprintnetwork.org/resources/footprint-calculator/
    https://www.wwf.ch/de/nachhaltig-leben/footprintrechner/resultat
    https://www.fussabdruck.de/
    http://www.ressourcen-rechner.de/